进击的生物

你不知道的生物入侵

安迪斯晨风 著　　阿卡 绘

人民邮电出版社

北京

图书在版编目（CIP）数据

进击的生物：你不知道的生物入侵 / 安迪斯晨风著；
阿卡绘. -- 北京：人民邮电出版社，2023.8
ISBN 978-7-115-61510-7

Ⅰ. ①进… Ⅱ. ①安… ②阿… Ⅲ. ①外来种－侵入
种－普及读物 Ⅳ. ①Q16-49

中国国家版本馆CIP数据核字（2023）第063756号

内 容 提 要

"吃货"最爱的小龙虾，竟然是导致大坝决堤的罪魁祸首？

"爱心人士"放生的巴西龟，竟然能让一个湖泊的生物灭绝？

让人咬牙切齿的福寿螺，竟然最初是作为牛蛙饲料特意引进的？

好看又好养的水葫芦，竟然……

还有哪些你不知道的入侵生物？又有哪些闻名世界的生物入侵事件？

本书用机智幽默的语言和极具感染力的漫画，向小朋友和大朋友们科普那些足
以给生态环境带来巨大影响的生物"冷知识"。

拒绝枯燥，打开你的好奇心，来一场让人眼界大开的趣味生物科普之旅！

◆ 著　　　　安迪斯晨风
　　绘　　　　阿　卡
　　责任编辑　朱伊哲
　　责任印制　周昇亮
◆ 人民邮电出版社出版发行　北京市丰台区成寿寺路 11 号
　　邮编　100164　电子邮件　315@ptpress.com.cn
　　网址　https://www.ptpress.com.cn
　　临西县阅读时光印刷有限公司印刷
◆ 开本：880×1230　1/32
　　印张：6.25　　　　　　　　2023 年 8 月第 1 版
　　字数：151 千字　　　　　　2023 年 8 月河北第 1 次印刷

定价：59.80 元

读者服务热线：(010)81055296　印装质量热线：(010)81055316
反盗版热线：(010)81055315
广告经营许可证：京东市监广登字 20170147 号

前言

　　生活在广州、深圳等南方城市的朋友，这几年可能经常会在马路边、花坛里看到一些奇怪的"大蜗牛"。它们个头比普通的蜗牛大得多，几乎有成年人的手掌那么大，背上的壳一端尖尖的，这让它们看起来不像蜗牛，倒像是田螺。

　　很多当地人都好奇，这些仿佛突然出现的神秘的大蜗牛，到底从何而来？难道是小蜗牛"修炼成精"？有心人在网上搜索一下，就能得到答案：它叫非洲大蜗牛，是一个从非洲远渡重洋来到我国的外来入侵物种。

　　如果你的好奇心再强一点，查一查中国外来入侵物种相关名单就会发现，其实很多外来入侵物种就生活在我们身边，而我们往往熟视无睹。到露天市场走一走，你会发现水产宠物摊位卖的龟类，绝大多数都是巴西红耳龟（俗名巴西龟），而它正是一个非常危险的外来入侵物种。南方的很多河流湖泊中，一眼望去绿油油的一片，全都是一种俗名为水葫芦的水生植物，它也是一个非常危险的外来入侵物种。

最近几年，防范外来物种入侵成了热门话题，我们时不时就能在微博热搜榜上看到鳄雀鳝、福寿螺、加拿大一枝黄花等外来入侵物种的名字。然而，尽管我国是世界上受外来入侵物种影响最严重的国家之一，外来入侵物种已经在生活中随处可见，但大多数人还是会下意识地觉得，"外来物种入侵"是一个略带科幻感、与自己有一定距离的名词。这恐怕还是因为，很多媒体对外来物种入侵问题的科普力度、深度和广度都不够。

到底什么样的物种可以称作外来入侵物种？它们对生态环境都有哪些危害？我们可以为预防外来入侵物种、保护生态家园做些什么？

并不是每一个从外国传入的物种都是外来入侵物种，事实上，我们在日常生活中接触到的外来物种远比你想象的多，甚至可以说，外来物种是现代人舒适生活的重要组成部分。我们平常吃的红薯、花生、辣椒等食物，都是明代才从美洲传入的，但它们早就被驯化成了农作物，不会危害生态环境和人类健康，所以不是外来入侵物种。动物园里的大象、狮子、长颈鹿等动物，大部分都是从非洲大草原传入的，但它们待在动物园里，没有在野外建立种群，也不是外来入侵物种。

只有那些在人类有意或无意的"帮助"下，从原产地迁移到新的生态环境中，并对入侵地生态系统、人类生活和物种多样性造成危害的物种，才可以被称作外来入侵物种。

为什么一定要强调"在人类有意或无意的'帮助'下"呢？因为在人类"称霸"地球之前，外来物种入侵是一件发生概率比较低的事。植物要想去到千里之外，需要鸟儿、水流或是风的帮助；动物要想穿越海洋、高山、荒漠，到达另一块大陆，更是几乎不可能完成的任务。澳大利亚等大洋洲国家之所以能够拥有独特的生态环境，保留着袋鼠、鸭嘴兽等较为原始的哺乳动物，就是因为很早以前它们就与亚欧大陆分了家。

　　从大航海时代以来，一切都变了样。人类在各大洲之间往来，实在是太能"折腾"了，把原本生活在欧洲的舞毒蛾、欧亚野猪带到了美洲，把家兔、山羊等动物带到了澳大利亚，又把美洲的灰松鼠、巴西红耳龟等带到了亚欧大陆。除了这些有意引入的物种之外，还有更多物种是随着船舶的压舱水或集装箱被无意携带而来的，比如在欧洲泛滥成灾的中华绒螯蟹（俗名大闸蟹），在我国繁殖能力极强、毁灭能力惊人的松材线虫，等等。每一桩外来物种入侵事件的背后，都能看到人类的身影。

　　外来入侵物种造成的灾害多种多样，其对生态系统的破坏有直接作用，也有间接作用。以臭名昭著的外来入侵物种加拿大一枝黄花为例，它的适应能力和繁殖能力极强，种子很小，一阵微风就能将它的种子吹得到处都是，而且它耐旱、耐贫瘠，一棵植株只需要一年就能变成两万棵，霸占一整片田地。在它的"强力压迫"之下，本土原生植物被抢走了大部分水分、肥料等资源，只能默默消失。同时，外来入侵物种还有可能与本土近亲物种杂交繁衍，造成本土物种的灭绝。

我们知道，生态系统中的食物链是一环套一环的，牵一发而动全身。当某一片区域里的本土原生植物被加拿大一枝黄花消灭殆尽的时候，早就习惯了以这些植物的根茎、种子为食的昆虫也必然会遭受重创，其种群数量将因此大幅减少；这样一来又会影响以昆虫为食的蛙类和鸟类。这样过上几年，整个生态系统就会遭受不可逆转的损害，发生"入侵崩溃"。

人类生活在大自然中，生态系统的改变最终都会反馈到人类身上。外来入侵物种的危害有些很直观，比如从美洲传入中国的草地贪夜蛾幼虫对农作物的破坏、椰心叶甲对椰树的危害等，都造成了农民的巨额损失。有些危害则比较隐蔽，要到很多年之后我们才会愕然发现，自己的生活被外来入侵物种完全改变了。仅举一例，现在南方很多的野外河流、湖泊中，本土鱼类都已经悄然消失，被罗非鱼、清道夫和埃及胡子鲶等外来入侵物种所取代。可能在很多年以后，我们想吃一口本土原产的鱼类也很难实现了。

我国目前已发现 660 多种外来入侵生物，成为世界上遭受外来物种入侵危害最严重的国家之一。全球最具破坏力的 100 个外来入侵物种中，已有过半数在我国被发现，并且它们每年仍在以 1%~5% 的速度增长。几乎每一个省、自治区和直辖市都存在日益严峻的外来物种入侵问题。而且，很多危险性较大的物种如罗非鱼、巴西红耳龟、紫茎泽兰等目前仍在不断拓宽自己的领地，造成的经济损失和生态损害无法估量。

要防范外来入侵物种，最重要的还是建立健全海关检疫、许可和风险评估制度，筑牢防线。同时，对已经造成严重生态问题的外来入侵物种建立预警与监测机制，减少其种群数量，并注意防范紧急安全事件。

仅仅靠政府的力量防范外来入侵物种是不够的，我们每个人都需要行动起来。如果在野外发现疑似外来入侵的物种，不要私自处置，应及时向当地环境管理部门报告。同时，要管住自己的手，不胡乱丢弃宠物，不参与"放生"活动，打一场针对外来入侵物种的"战争"！

为了引起全社会对外来物种入侵问题的关注，笔者编写了本书。它不是简单生硬的科普，而是采用漫画形式，通过有趣的小故事和可爱的形象，让读者更轻松地认识外来入侵物种的特征和危害。此外，随书附赠 30 张配套的"入侵生物通缉令"卡牌（电子版），以便读者在野外识别它们。

值得一提的是，书中虽提到了古今中外共 30 个具有代表性的外来入侵物种及物种入侵事件，但它们只是沧海一粟，还有许多常见的外来入侵物种如食蚊鱼、罗非鱼、互花米草等都没有录入，但这并不代表它们的危害性不强，请周知。

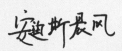

兔子急了，还会……

兔兔这么可爱，怎么可以……可是在澳大利亚人的眼里，可爱的兔子却可能是可怕的恶魔！

常见的兔子主要有两种，一种是**家兔**，它们的祖先是原产于欧洲的穴兔，擅长在地上挖洞；另一种是**野兔**，它们虽然不会挖洞，但在草地上跑得飞快。

兔子在自然界是不折不扣的"弱势群体"，它们体型不大，爪子和牙齿也不锋利。天上飞的老鹰，地上跑的狼、狗、狐狸，甚至流浪猫都是兔子的天敌。

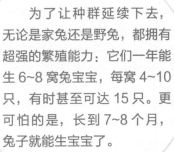

为了让种群延续下去，无论是家兔还是野兔，都拥有超强的繁殖能力：它们一年能生 6~8 窝兔宝宝，每窝 4~10 只，有时甚至可达 15 只。更可怕的是，长到 7~8 个月，兔子就能生宝宝了。

还没养大，这就走了……

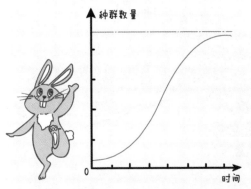

理论上，一对兔子夫妻一年就可以繁殖出有上千名成员的"大家庭"，但是因为遍地都是天敌，所以生态系统还能维持平衡。

在这里不得不提一下澳大利亚。澳大利亚所在的这块大陆很早以前就脱离了亚欧大陆，所以那里生活着很多比较原始的有袋类、卵生哺乳动物，如袋鼠、树袋熊、鸭嘴兽等，除了袋狼之外，很少有凶猛的肉食动物，当然也就几乎没有兔子的天敌了。

到了 18、19 世纪，英国殖民者发现澳大利亚之后，把它当成了一个流放罪犯的地方，并没有引进什么动物。

后来，来澳大利亚的英国人越来越多。相传1859年，有个叫托马斯·奥斯丁的人从英国运来了**24只**兔子（19只穴兔和5只欧洲野兔），放在庄园里养着，打算以后狩猎用，没想到造成了巨大的灾难。

仅仅几年后，庄园里的兔子就达到了好几万只，并且因为穴兔会挖地道，很快就有无数只兔子"越狱"，逃到了野外。兔子们惊喜地发现，这里不但有茂密的草场，而且没有那些讨厌的天敌，简直就是天堂！

很快，兔子就在澳大利亚泛滥成灾了。据不完全统计，20 世纪中期，在那里的兔子数量就已经达到 6亿只。它们四处抢占地盘，过度啃食牧草，造成草场严重退化，让原本以放牧为生的澳大利亚人只能忍气吞声。

更严重的是，原产的有袋类食草动物的生存空间被挤占，数量大幅减少。

于是，澳大利亚人决定发起一场"抗兔行动"。最初，他们想要用最原始的办法——捕捉兔子并将其宰杀吃掉，但是因为兔子实在太多了，澳大利亚总共也只有 2000 万人，人们实在抓不过来，只好放弃了。

澳大利亚人想到了另外一个办法，引进兔子的天敌——狐狸，只要能吃兔子，什么动物都行。然而他们很快发现，这是一个馊主意，因为兔子警惕性高，跑得又快，相比之下，牧民养的羊和那些原产的有袋类动物跑得慢，又笨笨的，更容易捕捉。所以，引进兔子的天敌后，兔子的数量没有减少多少，生态环境反而更加恶化了。

后来，澳大利亚人又想到了一个"好主意"，引进一种专门感染兔子的**多发性粘液瘤病毒**。

最初，这种病毒所向披靡，兔子们感染后大量死亡。但是没过多久，澳大利亚人发现，有些兔子抵抗力强，感染之后也不会死，等到大规模感染过后，它们又迅速繁殖开来，而且新生代兔子还有了抗药性。就这样澳大利亚人只好再换一种病毒，周而复始。

如今，澳大利亚的"**人兔大战**"还在继续，不知道谁能取得最后的胜利。

小龙虾的是是非非

你一定吃过麻辣可口的小龙虾吧！炎炎夏日，和三五好友来上一大盆小龙虾，吹着空调，喝着冰饮料，那叫一个惬意！但我告诉你一个惊天秘密：小龙虾其实是外来入侵物种！

什么？！你知道啊？

那我再告诉你一个秘密：小龙虾其实不是龙虾！

龙虾协会

小龙虾和龙虾最大的区别并不是大小，而是有没有一对大钳子（螯）。

小龙虾

澳洲龙虾

其实，小龙虾的大名叫克氏原螯虾，它和我们平时所说的波士顿龙虾（美洲螯龙虾）都属于螯虾，和龙虾没有什么关系。

小龙虾

波士顿龙虾

俺才是正经龙虾。

澳洲龙虾

小龙虾原产于美国南部和墨西哥北部，20 世纪 20~30 年代，从日本引入我国，最初是作为牛蛙的饵料投放的。

呱！哪里逃！

小龙虾适应能力极强，不管是在河流、池塘还是小溪，甚至在稻田里，它们都可以快乐成长；不管是鲜嫩的水草，还是小鱼、蝌蚪，甚至动物尸体，它们都吃。

小龙虾的繁殖能力很强，一只小龙虾每年能产卵 3~4 次，每次可以产卵 100~1000 枚，加上它们特别适应我国长江流域的气候，很快就造成了生物入侵灾难。它们不但会挤占中华绒螯蟹、青虾等本土水生动物的生存空间，破坏水稻、棉花幼苗，更可怕的是，它们有个喜欢挖洞的坏习惯。

1998年，我国长江流域暴发了**特大洪水**，很多堤坝出现险情都是小龙虾在大坝上**挖洞**导致的。仅在湖北汉江大堤黄金口段就发现了35个洞，这造成了严重的后果。

这么看，小龙虾确实太可恶了。那如何对付小龙虾呢？这可难不倒聪明的"吃货"们。

从 20 世纪末开始，小龙虾逐渐成为人们餐桌上常见的美食。据不完全统计，近年来，我国小龙虾年产量已经超过 200 万吨。这么多的小龙虾当然不可能都是在野外捕捉的，主要还是靠人工养殖。

哈哈，管吃又管喝，赛过活神仙！

虽然小龙虾走上我们的餐桌不过几十年，但"吃货"们已经发明了各种各样的吃法。最经典的当然是麻辣小龙虾，此外，还有十三香小龙虾、清蒸小龙虾等多种吃法。

我们来了！

但是，靠"吃货"们就能解决小龙虾入侵的难题吗？

尽管我们每年都要消耗大量的养殖小龙虾，但**野外**依然有很多"逃逸"或者已经生活了很多年的小龙虾。即使我们下定决心"抓干净、吃干净"野外一片区域的小龙虾，但只要有**漏网之鱼**，以一只母虾每月能繁殖出几百只小虾的速度，它们的数量也会迅速地回升。更别提它们也存在于各种被我们忽视的水域中，向周围扩散了……

所以想靠"吃货"消灭小龙虾，是完全不够的呀！

"制霸"美国的亚洲鲤鱼

美国人快被一些鱼给逼疯了。

这些鱼叫亚洲鲤鱼（Asian Carp），虽然名字叫鲤鱼，却和我们日常吃的鲤鱼大不一样，它是鲤鱼、青鱼、草鱼、鲢鱼、鳙鱼等鲤科鱼类的统称。我们常吃的"四大家鱼"（青鱼、草鱼、鲢鱼、鳙鱼）在美国都被叫作"亚洲鲤鱼"。

在 19 世纪后期，美国鱼类委员会先是将亚洲鲤鱼作为食用鱼引进的，但效果并不理想。

到了 20 世纪 70 年代，美国的很多河流和池塘因为污染严重，长出了很多水藻。有人就想了一个办法：不如让亚洲鲤鱼帮忙吃掉泛滥的水藻。

没想到，亚洲鲤鱼并没有老老实实"打工"，而是偷偷溜进了**密西西比河**及其支流。它们分工明确，鲢鱼在最上层吃浮游水藻，鳙鱼在中上层吃水蚤等浮游动物，草鱼在中下层吃水草，青鱼在下层吃螺蛳、河蚌等小动物。很快，亚洲鲤鱼就成了密西西比河中的**"霸王"**。

打工是不可能打工的！

在中国，这些鱼通常长不到3斤就会被人们吃掉；但是在美国，它们可以一口气长到10斤、20斤、30斤，简直胖得和猪一样！

孩儿们，冲啊！

更可怕的是，亚洲鲤鱼的繁殖能力非常强，一条雌鱼每年能产上百万颗卵，而且它们没有天敌，很快就能繁殖出大量小鱼，然后就泛滥成灾了。

长大后的鲢鱼擅长跳跃，被船只吓到时，能够跳到离水面 2.5~3 米的空中，很多船夫都被它碰撞后受伤过，但这只是亚洲鲤鱼诸多危害中最微不足道的一项。

你不要过来呀！

亚洲鲤鱼最严重的危害，是抢占了美国本土鱼类的生存环境，特别是**鲢鱼**和**鳙鱼**，食性很杂，什么都吃，美国的鲑鱼、鲖鱼等鱼类完全竞争不过，所以数量越来越少，这造成了严重的**生态灾难**。

亚洲鲤鱼

我的前途一片光明，身体素质好！

未来可期！

美国本土鱼类

好累好困，好想睡懒觉。

不要靠近我啊啊啊！
我好弱小！
啊啊啊啊啊！

为了对付泛滥的亚洲鲤鱼，美国人想了很多办法，比如用渔网捕捞，甚至下毒。2009年，伊利诺伊州自然资源部把大量鱼藤酮倾倒到运河中，但是收效甚微，反而对环境造成了更严重的危害。

为了阻止亚洲鲤鱼进入美国和加拿大之间的五大湖，保护湖区生态环境，美国政府决定采用物理隔绝的方法。他们花费超过3000万美元，在检测到亚洲鲤鱼的河流和五大湖之间建造起巨大的水坝。

作为"吃货"的你看到肥大的亚洲鲤鱼，一定垂涎欲滴吧！可为什么美国人想不到吃它们呢？

首先是因为美国人大多不爱吃鱼，即使吃鱼也爱吃没有刺的海鱼，像亚洲鲤鱼这样长满了小刺的淡水鱼他们是不爱吃的。其次，亚洲鲤鱼和中国的鲤鱼不同，土腥味浓郁，肉质又老，所以不好吃。

(Asian Carp)　(Asian Copi)

不过，因为亚洲鲤鱼对生态环境危害太大了，所以现在美国政府也在号召人们吃掉它们。为此，伊利诺伊州还专门给亚洲鲤鱼（Asian Carp）改了个名字。因为 Carp 有找碴儿、找麻烦的意思，一听就让人觉得不好吃，于是伊利诺伊州将 Carp 改成了 Copi（Copious），意思是"丰富的"，这样大家对它们的印象也许就会好很多。

不过，单靠"吃货"们，恐怕还是不足以"打败"亚洲鲤鱼，美国人还是要多努力啊！

"田园刺客" 非洲大蜗牛

一场雨过后，马路边、墙角、花坛旁就会有许多蜗牛。我们平时见到的蜗牛危害性不大，不用担心。但如果有一天，你看到一只**巨大**的蜗牛，就必须要小心了——因为它很可能就是入侵物种非洲大蜗牛！

非洲大蜗牛

非洲大蜗牛最引人瞩目的，毫无疑问就是它的大个子。一般蜗牛的壳长只有 1~2 厘米，不过指甲盖大小，非洲大蜗牛的壳却能长到 10 厘米甚至 20 厘米长，比成年人的手掌还要大。两者一对比，简直就像小壁虎遇到了哥斯拉！

非洲大蜗牛壳的形状也和我们常见的蜗牛的壳不一样。常见的蜗牛壳大多是扁扁的，非洲大蜗牛的壳则和某些螺蛳很像，呈尖尖的螺旋形，像一座宝塔，因此，它又叫褐云玛瑙螺。

顾名思义，非洲大蜗牛是从非洲走出来的生物，它原产于非洲的**坦桑尼亚东部沿海地区**以及**马达加斯加岛**。在那里，它安分守己、随遇而安，不但不是入侵生物，还是当地人餐桌上的美食。

于是，很多人都盯上了非洲大蜗牛，并把它带到世界各地养殖，还有一些追求新奇的人把非洲大蜗牛当宠物来饲养。现在，它在我国南方的广东、广西、台湾、福建、云南等地，也已经很常见了。

万万没想到，在非洲被当作美食的非洲大蜗牛，其实是破坏生态环境的"恶魔"。

一只非洲大蜗牛约有 18000 颗牙齿，而且胃口超级大。它们不但吃植物的茎和叶、树皮、花果，甚至连废纸、水泥都吃，夸张点说，非洲大蜗牛所到之处，寸草不生，简直是"田园刺客"。

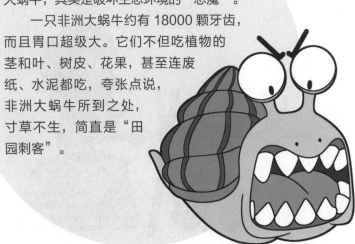

非洲大蜗牛个子大、壳也很硬，在很多地方都没有天敌，原本吃小蜗牛的鸡、鸭、青蛙等，根本拿它没办法。

什么玩意儿，真硌牙！

有空不？
谈个恋爱！

更可怕的是，非洲大蜗牛还是雌雄同体，繁殖能力非常强。一只非洲大蜗牛一年约生产 5~6 次，一次可以产出约 200 颗卵。这样下来，一对非洲大蜗牛在一年内能繁殖出上千只。

1966 年，一个孩子从夏威夷带了 3 只非洲大蜗牛到迈阿密，结果短短几年，迈阿密的非洲大蜗牛的数量就达到了近 20000 只，当地政府不得不斥巨资对付泛滥成灾的非洲大蜗牛。

禁止入内

熊孩子和非洲大蜗牛

现在，非洲大蜗牛被认为是最危险的外来入侵物种之一，已经被世界上绝大多数国家（地区）拒绝入境，也是我国**最早一批**外来入侵物种之一。

既然非洲大蜗牛能吃，那我们像对付小龙虾一样，爆炒、红烧、清蒸……发动"吃货"们一起把它们吃掉不就行了吗？如果你这样做，那就有大麻烦了！因为野生的非洲大蜗牛体内有多种寄生虫和病菌，其中最有名的当数**广州管圆线虫**，如果吃了被感染的非洲大蜗牛，线虫的幼虫就会寄生在人体内，引发**脑膜炎**，甚至置人于死地。

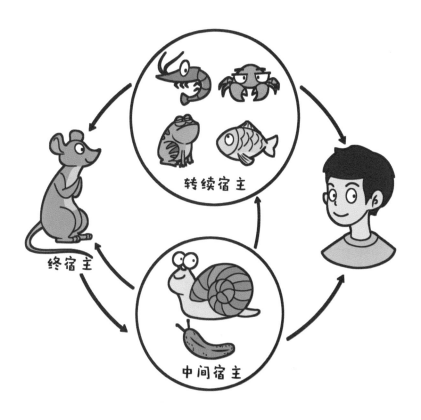

转续宿主

终宿主

中间宿主

　　最危险的是，这些寄生虫可以通过人的皮肤传播，只要你用手触摸了非洲大蜗牛就有可能被传染。所以在野外见到非洲大蜗牛，千万不要踩，也不要赤手空拳地去抓，更不要带回家吃。

《物种起源》诞生地的"人羊大战"

天上是全副武装的直升机，地上是严阵以待的士兵，枪弹声让人仿佛置身战场。敌人到底是谁呢？原来，这是人类为了消灭加拉帕戈斯群岛上的入侵生物野山羊，策划的一场专门行动。

加拉帕戈斯群岛，一向与世隔绝，被称为"地球上最后的伊甸园"。这里生活着世界上最大的陆生龟、最小的海狮以及奇特的蓝脚鲣鸟等多种珍稀动物。1835年，达尔文就是在考察了这座群岛特有的海鸟之后，写出了阐述进化论的巨著《物种起源》。

无敌
铁不羊

然而，这座群岛很快就被一种"恶魔"般的动物盯上了，它就是野山羊——它可不仅仅是传闻中偷偷吃鸡那么简单，更可怕的是，野山羊对当地的生态系统有无比巨大的破坏力。

要知道，野山羊吃草的时候有个特点——会将草根都拔出来吃掉，而且几乎对所有的植物都来者不拒，树叶、树根、树皮，逮着什么吃什么。此外，它们还会攀岩、爬山，甚至还会爬树。

远离大陆的加拉帕戈斯群岛原本没有野山羊，18世纪，欧洲捕鲸船上的水手把几只野山羊带到了加拉帕戈斯群岛，它们非常适应这里的气候，很快就繁殖出了一大群。它们在岛上到处流窜，和当地的野生动物争抢资源。最可怜的当数同样吃草的加拉帕戈斯象龟——数量从人类初到岛上时的25万只，减少到了不到3000只，濒临灭绝。

20 世纪末，人类发现如果再不干预，加拉帕戈斯群岛的生态系统就要崩溃了。于是就有了开头的那一幕：人类代表群岛上的土著动物们向野山羊宣战了。

经过数年的"战斗"，群岛的野山羊数量减少了 90%，但是野山羊们也逐渐学会了跟人类打"游击战"，它们躲在茂密的树林里，找都找不到。如果就这样偃旗息鼓，过不了几年，它们又会重新占领整座群岛。

留得青山在，不怕没柴烧。

人类想出了一个"损招"：给一些雌性野山羊戴上 GPS 定位仪，然后放它们回到羊群里去，通过这些"美女间谍"，把野山羊的巢穴一个一个地铲除掉。到 2006 年，加拉帕戈斯群岛中最大的岛屿伊莎贝拉岛上最后一只野山羊终于被干掉，人类取得了暂时性的胜利！

未完待续……

然而加拉帕戈斯群岛被破坏的生态环境并不是一时半会儿就能恢复的，更糟糕的是，群岛上游客络绎不绝，带来了很多其他种类的入侵生物，如红火蚁等。所以人类正在考虑把群岛隔离开来，并限制游客数量。

作为《物种起源》诞生地的加拉帕戈斯群岛，还能恢复原来的面貌吗？

暴走的"超级野猪"

提到"猪"，你可能会想到粉嘟嘟的小猪佩奇，憨态可掬的猪八戒，或者香脆可口的烤乳猪……

但你能想到吗？在美国，竟然有一种猪让人恨得牙痒痒，它就是"超级野猪"！

猪分为**野猪**和**家猪**，家猪是被人类驯化的野猪，属于猪属的一个亚种。那"超级野猪"是怎么来的呢？

最初，美洲大陆上原本并没有野猪。直到15世纪末，哥伦布发现美洲之后，就把几只随船当备用肉的家猪扔到了陆地上。

这只是一个开始，此后家猪和野猪一直被零零星星引入美洲。因为美国很多地区不控枪，得克萨斯州等地的很多庄园主还会引进欧亚野猪放养，用来狩猎取乐。

万万没想到，这些被放养的野猪和逃出后野化的家猪杂交，经过上百年的混种，形成了兼具野猪和家猪优点的"超级野猪"。欧亚野猪一般只有 50 千克重，而超级野猪的平均体重就达到了近 300 千克，最重的甚至可以长到 500 千克，可以说是庞然大物。

家猪   野猪   超级野猪

它们**适应能力特别强**，能够在美国绝大多数地区生活，尤其是在靠近森林的农田里，更是如鱼得水。它们的另一大特点是**不挑食**，各种植物的嫩叶、块根和果实都吃，它们还会吃昆虫、小鸟、蜥蜴等。

超级野猪走到哪里就用又尖又长的鼻子和长长的獠牙拱到哪里，就像**挖掘机**一样挖开泥土，挖出深坑，把平原、森林和农田拱得一团糟，还会破坏农场的房屋、农具、设施等。在美国，每年都会有不少人因为这些超级野猪无家可归，就连墓地也难逃它们的"毒手"。

20世纪80年代后期，超级野猪和美国人的对抗持续升级！1988年，一头超级野猪闯进佛罗里达州的军用机场，就像一辆小型装甲车一样，迎面撞向一架准备起飞的F-16战斗机，造成这架价值1600万美元的飞机完全损毁。

美国人也不甘示弱，在美国超级野猪数量最多的**得克萨斯州**，人们纷纷拿起猎枪，驾车组队前去猎杀，或是开起直升机，对来侵犯庄园的超级野猪予以还击。还有人运用高科技专门设计了陷阱，诱骗超级野猪进入，将其捕获。

然而，超级野猪身强体壮，全身长满了发达的肌肉，还长了两层毛发——一层是粗硬的刚毛，一层是柔软的毛，称得上皮糙肉厚，子弹打不中要害都要不了它的性命。它们还继承了家猪较强的繁殖能力，每年能生二胎，一胎能生 4~12 只猪崽，一个超级野猪群就像滚雪球一样，很快就能席卷一大片地区。所以经过人类 30 多年的猎杀之后，美国的超级野猪还是多达 600 万头，甚至越来越多。

看到这里，你可能会问：为什么不吃掉这些超级野猪呢？因为它们身上携带了好几十种病菌和寄生虫，比如布鲁氏菌、沙门氏菌、结核分枝杆菌等，美国人猎杀超级野猪后往往会就地将其掩埋；而且超级野猪肉肉质较硬，加工起来也不太方便，所以靠"吃货"消灭超级野猪不太现实。

其实，不止美国，在欧洲的意大利罗马市，超级野猪已经成群结队、大摇大摆地跑到了大街上袭击行人。而在我国，超级野猪数量也猛增，浙江、陕西等省份都有超级野猪破坏农田的记录。人类和超级野猪的战争，正在升级成一场"世界大战"。

恐怖的"偷渡客"斑马贻贝

有一类物美价廉的海鲜叫贻贝，加工以后就是餐桌上常见的食物——淡菜。但如果有一天，你看到一只身披斑马纹的贻贝，就必须要警惕了——因为它很可能是美国头号入侵生物斑马贻贝！

斑马贻贝

谁家孩子这么营养不良？

其他贻贝

斑马贻贝最引人瞩目的就是它独特的"斑马纹"，而其他贻贝的壳一般是黑色或褐色的，没有明显的纹路。另外，比起其他贻贝6~8厘米的壳长，它们的壳通常只有指甲那么长，最长不到5厘米。

然而，斑马贻贝小小的身躯却蕴藏着大大的能量！它们的生命力极其顽强，其他贻贝脱水后最多再活一到两天，而成年的斑马贻贝可以脱水生存 **7 天**之久。

太阳好毒……

斑马贻贝的"祖籍"是欧亚大陆之间的黑海和里海。在漫长的岁月里，它都老老实实地在老家窝着，扮演着当地食物链的一个组成部分。

然而，这种看似老实巴交的贝类，却是可恶的"偷渡客"。斑马贻贝会不声不响地靠着足丝牢牢依附在远洋轮船的船底或进入压舱水里，漂洋过海去到异国他乡。尽管一路上饱受冰冷洋流和剧烈海洋风暴的考验，但它们以蓬勃旺盛的生命力最终顺利"偷渡"到了目的地。

从 19 世纪 30 年代开始，斑马贻贝在没有天敌的美国东部地区迅速"攻城略地"，逐渐占领了整个**五大湖地区**。据统计，在伊利湖底，每平方米就有 3 万 ~7 万只斑马贻贝！别看它们的寿命只有短短的 4~5 年，但挡不住它们生得快：一只成年雌性斑马贻贝在每个生殖周期中可产卵 3 万 ~4 万个，每年可产卵超过 100 万个。这样下来，它们很快就能繁殖出一大群子孙，然后在各大湖泊水系中**泛滥成灾**了。

这是我为你们打下的江山！

大胃王

更可怕的是，斑马贻贝以浮游生物为食，贝均一个大胃口，一大群联合起来可以在极短的时间内清空当地水域中绝大多数的浮游生物。

而这些浮游生物本是小鱼和本地贻贝赖以生存的食物，短短几十年，美国本土贻贝数量就减少了 70% 以上，这进一步引发了一系列不好的连锁效应。另外，它们还会传播禽类病毒，导致鸟类大量死亡。

不仅如此，斑马贻贝还喜欢在各类**管道**中定居，这容易引发电力、供水设施管道堵塞等诸多问题。比如，密歇根州门罗水力发电厂就曾因水中斑马贻贝的密度急剧增加，不得不停止进水，最后花了 50 多万美元请水管工们清理才解决了问题。

据相关统计，从 2002 年起，美国预计未来 10 年投入斑马贻贝治理的经费高达 50 亿美元。仅在五大湖地区，为了清除管道中的斑马贻贝，美国每年就需要投入数亿美元的资金。

美国和斑马贻贝的"拉锯战"持续了 30 多年。在治理方面，美国也发现了不少好方法，比如：采用氯水等特制化学药品对水域进行消杀，以及轮船到岸时用高压水枪冲洗船底并更换压舱水，等等。但这类治理方法始终无法彻底驱逐这些不速之客。

那么问题来了，清蒸还是煲汤？想得美！

因为斑马贻贝是滤食性动物，主要吃水里的浮游生物，在污染严重的水域也能生存。长年累月，特殊的食物和生活环境导致它们体内积累了大量的污染物，所以食用它们会对人体健康造成危害，如果吃多了甚至会**中毒**死去。

时至今日，恐怖的斑马贻贝依然在美国逍遥自在，无法完全清除。

"吃货"闻之色变的福寿螺

如果说有种螺人人喊打，福寿螺排第二，没螺敢争第一。

2006 年秋季，北京一家医院接收了一位头痛剧烈、恶心呕吐、莫名低烧的患者，他说自己"头疼得简直无法走路了"。随后很短时间内，北京各大医院相继收治了 160 多位有相同症状的患者。

防疫部门追根溯源，发现他们都在同一家饭馆吃过一道名叫"凉拌螺肉"的菜。这道菜原本应该用海螺，但商家为了省钱，用了更便宜的福寿螺，这才酿成了一场悲剧。

这就是当时震惊全国的"福寿螺事件"，也为大家揭露了福寿螺的邪恶面目。

凉拌螺肉，
好吃不贵！

如果不仔细看，福寿螺和我国土生土长的中华圆田螺还挺像的。但和中华圆田螺相比，福寿螺的个头明显更大，壳高可以达到 80 厘米（中华圆田螺的壳高一般是 40~50 厘米），螺壳却更薄，只有 5~6 个螺层（中华圆田螺有 6~7 个）。另外，福寿螺的螺壳有点扁，开口也更大，中华圆田螺的螺壳尖尖的，开口比较小。

福寿螺

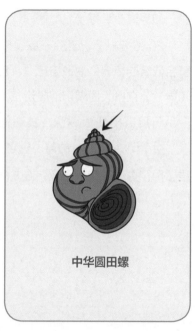

中华圆田螺

如果你在菜市场看到一个个头比较大、壳比较扁的螺，脑子里就要响起警报了！

福寿螺虽然有一个"中国风"的名字，但它的老家却远在地球另一面的南美洲亚马孙河流域，它来到中国只有 40 多年的时间。

1980 年，一位华侨带着一个福寿螺的卵块来到了我国台湾，卵块繁殖成功以后，他开始养殖福寿螺用作食材。没过两年，广东、福建、浙江等地也陆续有人开始养殖福寿螺。20 世纪 80 年代，甚至还有电视台专门开办节目，请人介绍福寿螺的养殖经验，人们希望福寿螺可以像中华圆田螺、海螺等一样，成为餐桌上的美味。

　　人们怀着美好的愿望，给它取了"金宝螺""福寿螺"等好听的名字。还有一些无良商家，在福寿螺名声臭了以后，给它改了个"苹果螺"的名字，将其当宠物卖。

福寿螺之所以会落到人人喊打的境地，是因为它们身上可以携带很多种寄生虫和致病细菌、病毒。据统计，一只福寿螺可以携带数千条广州管圆线虫，简直就是一个会移动的"寄生虫养殖基地"啊！

其实，如果能够彻底煮熟，福寿螺肉还是可以吃的，但问题就是，加热的时间一长，原本鲜嫩的福寿螺肉就会变得老化松散，吃起来就像是吃土一样，非常难吃。

生的不敢吃，熟透了又不好吃，对"吃货"来说，福寿螺就成了"鸡肋"。

我~到~家~了~

养殖福寿螺的农户一气之下，就把这些请回来的"祖宗"放生到了河流和水田里，殊不知，这让原本生活在热带雨林湿热环境中的福寿螺一下子有种回到家的感觉。

据统计，一只雌性福寿螺一年就可以繁殖出 30 多万只福寿螺，它们繁殖速度飞快，又缺少天敌，在中国南方的很多水域称王称霸，不但造成很多本土螺类大量减少，而且还威胁到了水稻的生长。

求你离开！

此外，福寿螺对水稻的危害特别大，就连刚出生不久的幼螺都能啃食水稻秧苗。从 20 世纪 80 年代至今，广东、广西、重庆等地已经发生过不下 20 次福寿螺灾害，造成很多地区的水稻减产 30% 以上，这一数字简直触目惊心。

为了防范福寿螺的侵袭，人们想了很多办法。比如人工摘除卵块，如果你在野外看到水稻或者芦苇茎叶上挂着一块块像果冻一样粉红色的圆球状小颗粒团，恭喜你，发现了福寿螺的卵，赶紧消灭它们吧！还有农户养了鸭子，让鸭子吃掉福寿螺，是很有效的生物防治办法。

入侵欧洲的大闸蟹

如果有一天，你看到铺天盖地的巨型"外星蜘蛛"在乱爬，它们每一只都长着坚硬的甲壳和可怕的螯，仔细看还能看到螯上密布的绒毛，你的第一反应是尖叫着报警……还是大喜过望？

还有这种好事？

没错，前面说的就是大闸蟹！我们中国人看到它的时候，想到的是鲜美的蟹肉、蟹膏、蟹黄，甚至馋得流口水。但是在欧洲人看来，大闸蟹却是不折不扣的外来入侵物种。

大闸蟹的中文正名叫中华绒螯蟹，其特点可以概括为八个字：青背、白肚、金爪、黄毛。大闸蟹因主要生活在河道淡水中，所以也叫河蟹。

因为千百年来的食蟹传统，它在国内的野外可谓"一蟹难求"，阳澄湖大闸蟹更是成为每年中秋、国庆佳节大家翘首以盼的美味。

但是在英国、德国、比利时等欧洲国家，大闸蟹却成了泛滥成灾的公害，这是为什么呢？

早在 1900 年前后，大闸蟹就已经来到了欧洲。当时来往于中国和欧洲之间的商船会在卸完货后往船舱中灌入江水压舱，里面会混入大闸蟹的卵和蟹苗。

什么是快乐家园？

就让我带你去研究！

到达目的地之后，这些压舱水就会被排入江河中，大闸蟹就这样成功地"暗渡陈仓"，躲开了中国人的捕杀，来到了自己的乐园。

鲁迅先生说过："第一个吃螃蟹的人是很令人佩服的。"毕竟大闸蟹长得太像大蜘蛛了，如果不是勇敢的人想到尝一尝，恐怕还真没人敢吃它。不信你看，欧洲就是因为缺这么一个人，自古以来就没有吃蟹的传统，甚至不知道这玩意儿能吃。

另一方面，吃螃蟹需要一套专门的用具"蟹八件"，欧洲传统的餐具刀叉面对浑身是"铁甲"的大闸蟹，割又割不动，叉又叉不起，实在是左右为难。直接上手吃，又有损绅士风度，所以大闸蟹到了欧洲以后惊喜地发现，这里居然没有天敌！

在餐桌上任人拿捏的大闸蟹，其实是一种相当凶猛的节肢动物。和它们栖息的淡水环境中的鱼虾相比，它们体型庞大、身体强壮，螯连螺、蚌等软体动物的壳都能撬开，因此，被螯夹住的小动物只有死路一条。

而且，大闸蟹的食性非常杂，虽然其主食是水草和岸边的植物，但鱼虾、螺蚌、鱼卵等它们也是照吃不误。再加上雌蟹一次可以产20万~70万颗卵，繁殖能力强悍，所以大闸蟹很快就成了欧洲很多河流中的霸主。

大闸蟹给欧洲的生态环境带来了巨大的灾难，甚至一度成为德国河道中唯一的一种淡水蟹，更造成三文鱼等传统水产的产量大幅下滑。

此外，大闸蟹还有一个"陋习"：喜欢在河道两岸打洞。在德国易北河和哈维尔河，大闸蟹肆无忌惮地破坏堤坝和水闸，甚至连两岸的房屋都受到了它们的威胁。

世界自然基金会报告称，仅在德国一地，大闸蟹每年造成的损失就在 8000 万欧元以上。另外，英国的泰晤士河流域的大闸蟹大肆破坏两岸植被，也是当地人的眼中钉。

为了对付大闸蟹，欧洲人采用了很多办法来捕捉它们，并把它们制成肥皂或是动物饲料，但始终还是"花大钱、办小事"。

直到最近，德国人才突然醒悟，原来可以请中国的"吃货"们帮忙消灭这些入侵者！很多德国渔民开始主动捕捉大闸蟹，打包卖给中餐馆和亚洲超市。这样既可以消灭大闸蟹，还能赚上一笔，何乐不为呢？

看来"'吃货'拯救世界"，还真不是说笑啊！

"四项全能"的美国白蛾

夏秋季节，一阵风吹过，树下面下起了"毛毛雨"。这里的"毛毛雨"可不是真正的雨水，而是叶片上的毛虫。如果你是一位"密恐"人士或者恐虫人士，那这么密集的毛虫可能会直接把你"送走"。

我有密集恐惧症！

如果看到这种毛很长、身上长满黑斑点的毛虫，它很有可能就是美国白蛾的幼虫——秋幕毛虫。仔细瞧清楚后，可以直接打电话请当地园林绿化部门进行防治。

我国不少地区曾经对美国白蛾发出悬赏通缉令，比如在2020年，西安市高新区曾开出一只最高奖励100元的价格向当地居民征集美国白蛾的相关线索。

和丑陋的幼虫相比，长大以后的美国白蛾就漂亮多了。俗话说"一白遮三丑"，美国白蛾凭借白色的羽翼和纯白的"皮肤"，头顶还有一丛绒毛，看起来就像一个戴着兜帽的白袍巫师。除了有漂亮的皮囊，它们还"多才多艺"，可谓"四项全能"。

我是不是全天下最美的蛾子？

特能吃：其实，大部分蛾子的食物都比较单一，而美国白蛾从不挑食，来者不拒，它们的食物遍布植物界。无论是果树还是花卉，除了松柏等针叶植物，只要是有叶子的植物它们都爱吃，而且能通通吃光，它们所到之处几乎只剩叶脉、叶柄。

弱小、可怜、无助，但能吃。

特能生：美国白蛾繁殖能力极强，产卵数量大且频率高。一方面，平均每只雌性白蛾每次能产卵 500~800 个，最多可达 2000 个。另一方面，美国白蛾一年最多可以发展 3 代，即"父生子，子生孙，孙生重孙"。也就是说，只需一年时间美国白蛾就能"四世同堂"了。

半年不见，你都当爷爷了啊！

特能"苟"："只要'苟'不死，就往死里'苟'"，这句话是美国白蛾的真实写照。无论是高温还是低温，它们都能适应，照样美滋滋地吃着树叶繁衍后代；哪怕断几天粮也不怕，它们还能继续"苟"。

特能"跑路"：美国白蛾绝对是当代"跑路大师"，幼虫一旦顺着树干爬到地面，它们的身影很快就消失得无影无踪。只有当人们辛苦地掀起砖瓦或石块，扒开尘土或落叶枯枝时，才能再次发现它们的踪迹。尤其在冬天，它们化成蛹，隐蔽性就更强了，乱入土中简直完全看不见。

其实，很长一段时间美国白蛾都只生活在北美洲。1958年，它们靠藏在木材中的虫卵或虫蛹漂洋过海来到亚洲，传入了我国的邻国朝鲜。1979年，邻近朝鲜的我国辽宁省的丹东一带也首次发现了美国白蛾。

如今，美国白蛾的名字越来越为人所知，其身影也已经遍布我国的十几个省。

美国白蛾最让人害怕的就是它们的爆发性：成群的成熟幼虫在某个时段会突然开始"暴饮暴食"，一夜之间吃光所有的绿色植物，让人类承受重大的经济损失和自然环境破坏。所以，美国白蛾爆发也被人称作"无烟的火灾"。

好在美国白蛾这家伙虽然"武功"高超，但也有天敌。周氏啮小蜂就是美国白蛾的头号敌人，它们只要寄生到美国白蛾的蛹里，就能狠狠地吸寄主的血，从而杀死寄主。

猥琐发育，别浪！

周氏啮小蜂

当然，除了利用天敌进行生物防治以外，还有五花八门的"神器"来相助，比如：在树上装置释放雌性美国白蛾信息素的诱捕器，吸引雄性美国白蛾上钩；在树干上围一圈草板，让幼虫在板上孵化，从而将其一网打尽。

美国白蛾，这次再美也没辙了。

可爱的"小恶魔"——北美灰松鼠

毛茸茸的大尾巴，闪闪发光的"葡萄眼"，用爪子捧着食物吃的模样，有谁会不喜欢松鼠这种可爱的小动物呢？人们不但会把松鼠当作宠物养，甚至会主动给路边野生的松鼠喂食。然而，有一种松鼠在欧洲各地却变成了"小恶魔"，成为人们口中"行走的祸害"，它就是北美灰松鼠。

北美灰松鼠是北美洲特别常见的一种小动物，无论是在森林、公园还是在城市，都能看到它们的身影。它们的皮毛多为灰色，但偶尔也会有红色、黑色的条纹。还记得动画片《冰河世纪》里那个总是在追着橡果跑的小动物吗？它的原型就是北美灰松鼠。

众所周知，北美洲和欧洲之间隔着波谲云诡的大西洋，既不会游泳又不会飞行的北美灰松鼠是如何漂洋过海来到异国他乡的呢？其实，这是美国人好心办了坏事，北美灰松鼠也想不到自己有一天会成为祸害。

最早被北美灰松鼠祸害的欧洲国家是**英国**。19 世纪，有人从北美洲把北美灰松鼠带到**不列颠群岛**，养在花园里当宠物。和很多外来入侵物种的故事一样，英国人粗心大意让它们"越狱"逃到了野外，成功地回归大自然。

然而，它们很快就凭借超强的繁殖能力和适应能力扩散开来。它们不光像动画片里的那样吃橡果，还四处啃食树皮、树叶，甚至捕食小鸟。现在，英国的北美灰松鼠数量已经超过 300 万只。

北美灰松鼠啃完树皮之后，会让病菌或昆虫更容易从破口处入侵到树木内，对树木的生长发育造成巨大威胁，甚至直接导致树木病死，这给欧洲的纸业和木制品行业造成了巨大的经济损失。

更严重的是，北美灰松鼠压缩了它们在当地的"表亲"——欧亚红松鼠的生存空间。除了皮毛的色彩不同外，这两种松鼠最一目了然的区别就是它们的体型。一般来说，欧亚红松鼠体长约 20 厘米，体重约 200 克，而北美灰松鼠的体长可达 30 厘米，体重约 500 克。更直接地说，北美灰松鼠的体型几乎是欧亚红松鼠的 1.5 倍。在食物争夺战中，欧亚红松鼠毫无胜算。

北美灰松鼠　　　　　欧亚红松鼠

不仅如此，北美灰松鼠身上还携带着一种特殊的**原松鼠痘病毒**，这种病毒对它们本身无害，却对欧亚红松鼠有着致命的危险。这种自适应病毒让欧亚红松鼠的数量大幅减少。

于是，英国人决定发起一场"灭鼠运动"。正所谓"大道至简"，他们用上了最简单直接的办法——就地捕杀。本着不浪费的原则，他们还考虑将北美灰松鼠烹饪成美食。可惜，北美灰松鼠数量太庞大，行动又极其灵巧，再加上受到动物保护组织的强烈抗议，人们只好放弃了。随之而来的是北美灰松鼠的数量又大幅增加了。

引入天敌也是控制北美灰松鼠数量的好办法。英国人引入了一种凶猛的小型肉食动物——松貂，它们虽然两种松鼠都吃，但偏爱肥大肉多的北美灰松鼠，而不太爱吃欧亚红松鼠，所以被称为"入侵生物终结者"。

松貂

聪明的科学家又想出一种新方法，即研发专用于北美灰松鼠的避孕药。把避孕药和北美灰松鼠最爱的榛子果酱混合后涂到树上，诱使北美灰松鼠吃下去，通过药物的节育作用，达到消灭北美灰松鼠的目的。

如今，英国的"人鼠大战"还是邪恶的"反派"占据上风，但相信将来胜利的天平一定会向正义的一方倾斜。

"松树癌症" ——松材线虫

在人们的心目中，松树绝对是坚强的象征。然而，松树却十分惧怕一种肉眼都难看到的小虫子——松材线虫。

线虫是非常原始的小动物。曾经通过福寿螺造成大量人员死亡的广州管圆线虫也是线虫的一种。

松材线虫不会感染人，却是松树的大敌，它能够轻易入侵到任意一棵高大挺拔的松树中；要是不采取任何措施，那过不了几年，附近成片的松树都会枯死。这就是让松树"听"到都发抖的"松材线虫病"（又称"松树萎蔫病"）。松树感染此病后，松针会失水萎蔫，变成黄褐色或红褐色，最后整株干枯死亡。

这种被松树拉进"黑名单"的松材线虫是怎么来的呢？

原来，松材线虫来自美国，它凭借体长不到 1 毫米的微小体型，顺利搭载木制包装和松木原木偷偷潜入我国。

1982 年，我国首次在南京的中山陵发现了松材线虫，随后它很快蔓延到了我国南部，同时正气势汹汹地向北部进军。如今，松材线虫病已经成为严重威胁我国生态安全的头号森林病虫害，被人们称为"松树癌症"。

实际上，松材线虫在其故乡北美州可没有现在这么大的破坏力。那为什么它们在"偷渡"到我国后破坏力成倍增长了呢？下面让我们一起来了解松材线虫的 **"反派进化史"**。

漂洋过海来到我国的松材线虫，面对漫山遍野的马尾松、华山松、油松、黑松……并没有选择直接"躺平"，而是把巨大的生存压力化成繁殖的动力，迅速提升了种群对树种的适应能力，进而提高了繁殖率。

小小的松材线虫仅靠自己的力量，并不能快速地从一棵树上移动到另一棵树上，自然也不能达成东征西战的战绩。于是，聪明的虫子找到了"狼狈为奸"的好搭档——松墨天牛（又称"松褐天牛"）。

很快，松墨天牛就成了松材线虫的"客机"。每个松墨天牛"航班"的客运量相当大，其能搭载上万只松材线虫。当松墨天牛飞到松树上啃食嫩枝时，"机上的乘客们"顺着啃咬出来的口子进入松树内部，在此取食并繁殖，使松树因失去水分而枯死。

松墨天牛航空执飞

姓名：松材线虫　　　　　到达站：马尾松

航班：松墨天牛

可是，好端端的松墨天牛为什么要和不起眼的松材线虫合作呢？其实，这两位"大反派"是为了共同的利益走到一起的。

通常情况下，松树有自我防御机制——分泌树脂。松墨天牛喜欢在松树上产卵，但幼虫很容易被树脂包裹而闷死。松材线虫大规模入侵后，松针会呈现黄褐色或红褐色，而且树干会停止分泌树脂，从而促进了松墨天牛的繁殖，也使得松墨天牛在我国的数量日益增长。

合作愉快！

40 年来，这两位"大反派"联手在我国兴风作浪。在这场旷日持久的战役中，人们也想出了不少好办法，化学、生物、物理手段三管齐下，因时制宜地防治它们的入侵。

每年 11 月至第二年 2 月期间，如果大家看到工人上山砍伐松树，可不要以为他们是盗伐森林的"光头强"。他们很可能是由当地林业局组织的专门砍伐病死树和疑似感病树的伐木工。这些被砍伐的树木会被就地焚烧，或者运下山统一清理。

因为松材线虫太小了，所以消灭它的"同党"松墨天牛也就成了当务之急。每年3月到10月是松材线虫病的高发期，人们采用各种方法扑杀松墨天牛，比如用无人机播撒药剂，用诱捕器诱杀防治，以及生物防治等。

很多树上挂的小瓶子，里面养的就是松墨天牛的克星花绒寄甲。

2022年，宁波市江北区投放了4万只花绒寄甲成虫，它们会在松墨天牛的幼虫、蛹和成虫身上产卵，卵变成幼虫后一口一口把松墨天牛吃掉。松材线虫失去了松墨天牛这架"客机"，也就蹦跶不起来了。

我不是水母，我是栉水母

我有圆圆的大脑袋，

我的体型像史莱姆，

我有透明的皮肤，

我生活在水里，

我爱吃浮游生物，

猜到我是谁了吗？

三、二、一，一起喊出"我"的名字！

如果你的答案是"水母"，那恭喜你，答错啦！

"我"不是水母，而是**栉水母**！看到这里，你肯定会发出一声"切"。僧帽水母、灯塔水母、海月水母都属于水母，栉水母怎么就不是水母了呢？

还真不是！虽然看名字和外形，栉水母仿佛就是庞大水母"军团"里的一员"大将"，但实际上，栉水母和水母在生物学上**八竿子打不着**，它们甚至都不属于同一门，更别说纲、目、科了。水母属于刺胞动物门，栉水母属于栉水母门，打个不恰当的比方，栉水母和水母的关系就像人类和大闸蟹、小龙虾的关系一样——不熟。

栉水母和水母的区别，说起来比较复杂：栉水母是最古老的多细胞动物之一，它们靠像梳子一样的绒毛划水前进，而水母靠收缩身体前进；栉水母的触须上没有水母那样的刺细胞，不会蜇人，它们是用触须缠住猎物；栉水母进化出了肛门，而水母进食排泄都同一个孔。

你也太不讲卫生了吧！

说起海洋里的"大胃王"，大家的第一反应可能是鲸或者鲨鱼吧。但按照食量与体重之比来说，这些动物的胃口可都远远比不上栉水母。虽然栉水母身体里95%都是水，但它们能吃下比自己身体重10倍的食物，它们的胃仿佛是个无底洞。

只要我吃得够快，体重就追不上我！

看似温和无害的栉水母不仅能吃，而且是肉食动物。其食物的种类也相当丰富：各种小型甲壳类和其他微小浮游动物，甚至连自己的同类都可能成为它们的盘中餐。

我把你当兄弟，你居然想吃我！

尽管没有大脑，但这丝毫不影响栉水母成为捕食小能手。在游动时，它们的嘴部朝前，边游边伺机吞食猎物。一旦猎物靠近，它们会静悄悄地展开黏性触须，迅速用触须死死地缠住猎物并将其吃掉。

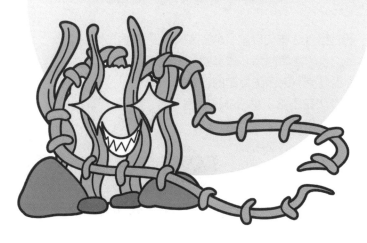

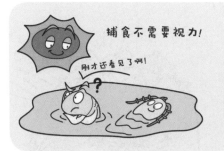

捕食不需要视力!

刚才还看见了啊!

与此相对应，栉水母也是不少水生动物的食物。但透明的身体意味着它们非常容易伪装自己，这是它们抵御潜在捕食者的最佳手段。

正因如此，善捕食和伪装的栉水母在渔业从业者的眼里已然不是空灵缥缈的代名词，而是"恶魔"的化身。

20世纪80年代以前，欧洲和亚洲之间的黑海渔业欣欣向荣，人们靠海吃海，过着快乐的生活。直到一种祖籍美洲大西洋海岸的淡海栉水母偷偷地潜伏在压舱水里"非法入侵"黑海之后，以往的繁荣逐渐烟消云散，数以万计的渔民被迫失业。

进入黑海后，淡海栉水母火速适应了没有天敌的新环境，仿佛来到了天堂，反客为主地吞食一些本地鱼类和贝类赖以为食的浮游生物。牡蛎、沙丁鱼和鲱鱼等鱼类和贝类缺少了食物之后，数量锐减。偏偏它们都是重要的渔业资源，这导致渔业一片萧条。

1989 年，黑海中淡海栉水母的数量达到了顶峰，不足 1 平方米的海面上就有数百只淡海栉水母，其总重量可能已经超过了 10 亿吨。它们甚至还通过某些渠道"偷渡"到了邻居里海以及其他海域，可能会造成更大的危害。

就在人们对它们束手无策的时候，淡海栉水母的天敌和克星突然从天而降！一种肉食性卵形瓜水母同样通过压舱水，来到黑海镇压兴风作浪的淡海栉水母。就像是猫吃鱼、狗吃肉、奥特曼专打小怪兽，淡海栉水母的数量总算开始减少了。

卵形瓜水母

　　这虽然取得了一些良好的效果，但迄今为止，淡海栉水母仍然没有被彻底消灭，并且它们还顺着水流入侵到了地中海和波罗的海一带，对这些地区的渔业同样造成了极大的负面影响。

　　看来，要想赢下这场消灭栉水母的攻坚战，人们还是需要和它们的天敌一起加倍努力啊！

被释放的"恶魔"——巴西龟

　　在马路边的街市上，经常可以看到小商贩摆地摊售卖一种宠物小乌龟，有的小乌龟身上还喷涂着五颜六色的卡通图案。谁能想到，这些可爱的小家伙就是最可怕的入侵物种之一——巴西龟。

　　如果要问巴西龟的老家在哪里，你肯定会说："这还不简单，巴西呗。"大错特错！其实巴西龟的中文正名叫巴西红耳龟，它们来自北美洲的密西西比河流域。它们最明显的特征就是眼睛后面有两条橙红色（或橙黄色）的条纹，所以叫巴西红耳龟。

警惕入侵物种
巴西红耳龟

那"巴西龟"的名号是怎么来的呢？

这是一个"狸猫换太子"的故事。20 世纪 80 年代，有人从巴西的亚马孙河流域引进了一种斑彩龟在我国养殖，并且打出了"巴西龟"的名号。但是过了一段时间，人们发现养这种龟的成本实在太高了，因此就从北美洲引进了一种长得和斑彩龟很像但更好养的巴西红耳龟，并且延续了"巴西龟"这个叫法。几十年后的今天，大家早就忘了真正的"巴西龟"长什么样，而把巴西红耳龟当成"巴西龟"。

我也想踢足球！

以前看月亮的时候叫人家"小甜甜"，现在却成了"牛夫人"。

最初巴西龟（以下均指巴西红耳龟）是养来吃肉的，后来很多人养来做宠物。它们小时候的体色是很漂亮的翠绿色，而且它们活泼好动，爬来爬去，很是讨人喜欢。但是长大了一点以后，它们的体色就变成了灰不溜秋的黑绿色，颜值大不如前，所以很多没耐心的养龟人养到一半就把它们丢弃到了附近的江河湖泊中。

巴西龟的环境适应能力特别强，就算水质很差也不怕。它们性情凶猛、食性很杂，无论是小鱼、小虾、田螺还是昆虫，都吃得下，饿急了连树叶、草根都吃。

和我国本土原生的龟类相比，巴西龟个头更大、行动更敏捷、抢食更快速，繁殖能力也很强，所以短短 30 多年间就已经遍布我国大江南北的各大水域。

本土龟

有生态学家做过统计，现在的很多江河湖泊中，本土龟种都濒临灭绝。不信你到自己家附近的公园池塘看看，里面的乌龟十有八九是巴西龟。中国动物学会两栖爬行动物学分会会长史海涛说："买了巴西龟，就等于断了本土龟的活路，这是极其严重的外来物种入侵！"

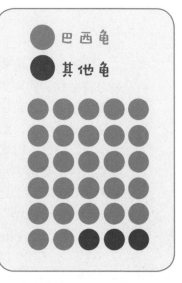

● 巴西龟

● 其他龟

巴西龟之所以泛滥成灾，还有一个很重要的原因，就是很多"善男信女"从市场上把它们买来以后放生到江河湖泊中。在我国的传统文化中，龟是深受人们喜爱的"灵物"，所以很多人选择价格便宜量又足的巴西龟作为放生对象。

2016 年，有人企图在北京大学未名湖中放生 500 只巴西龟，被学校保卫处制止并劝返。

功德-1
功德-1
功德-1

其实，放生并不会给人带来所谓的"功德"，反而会因为造成生态环境的破坏，让人承受大自然的惩罚。

那么，问题又来了——既然巴西龟本来就是养殖的肉龟，那为什么不发动"吃货"一起吃掉它们呢？

除了巴西龟的肉不如养殖的甲鱼肉好吃之外，还有一个重要原因，就是巴西龟身上携带着很多种病菌，比如**沙门氏杆菌**；如果吃了不熟的龟肉，或者摸完带病的龟不洗手就吃东西，病菌就会进入人的消化道，引起食物中毒。

虽然巴西龟早就被国际自然保护联盟列为全球 100 个最危险的入侵物种之一，但是我国至今还没有开展过统一的消灭行动。或许在不久的将来，巴西龟就会把我国本土原产乌龟们全部赶尽杀绝了。

杀人于无形的红火蚁

秋高气爽的时节，如果你在路边或花坛里看到一个个高高隆起的小土堆，千万要躲远点，因为里面可能藏着无数只红色的 "小恶魔" ——杀伤力超强的入侵生物 "红火蚁"。

你可能会说，蚂蚁有什么可怕的？它们那么小，只有几毫米长，用手指捻一下就死了。就算是在自然界，普通蚂蚁的天敌也多得数不清，像穿山甲、食蚁兽、蜥蜴等都能吃蚂蚁。

然而，老家在南美洲巴拉那河流域的红火蚁却不是普通的蚂蚁。它的学名叫 Solenopsis invicta Buren，直译过来就是"无敌的蚂蚁"。

我要打 10 个！

擂台

红火蚁的无敌可不是夸大其词，无数次战斗的胜利足以证明它的实力。红火蚁不仅会和其"表亲"蚂蚁打架，而且会跟其他动物战斗，在昆虫界称王称霸的蜜蜂、螳螂都是它的手下败将；就算对手是人类，它们也从不畏惧。

红火蚁为什么如此好战且不惧战呢？

首先，红火蚁的个头比较大，工蚁的体长可达4毫米，兵蚁的体长可达7毫米，蚁后更能长到20毫米。其次，它们的食物也相当丰富，它们从不挑食偏食，不仅吃自然界的花草种子和其他小型昆虫，还吃青蛙和小鸟，甚至连腐烂的肉也不放过。

红火蚁和其他蚂蚁一样，是社会性昆虫，特别擅长协同合作渡过难关。

比如，人们偶尔看到红火蚁过河的场景，便误以为它们是游泳健将。其实，红火蚁并不会游泳，能成功渡河的主要原因是总有一群大无畏的勇士甘愿牺牲自己化作船只，让其他红火蚁踩在其身上通过。正是这种通力合作的精神，让河不足以成为它们的天堑。

俗话说"一山不容二虎"，一般其他蚂蚁的蚁巢中只有一只有生殖能力的蚁后，所以蚁后一旦被"斩首"，就会树倒猢狲散。然而红火蚁的蚁巢中却可以有几只甚至上百只蚁后，所以其繁殖能力极强：每只蚁后一天能产 1500~5000 个卵，一个蚁巢中每天就能多出来几万个新生力量。

遇到资源不足的时候，这些蚁后还能灵活地自然分群，飞行扩散到其他地区。

红火蚁还有一件"神器"，就是长在腹部的**毒针**，它可是红火蚁一向引以为傲、无往不利的大招——不像大多数蜜蜂的毒针仅仅是一次性的大招，红火蚁的毒针在叮咬时能释放出无色的毒液，而且能连续释放好几次，最多可以连续释放七八次。

哥！你是唯一的哥！

红火蚁的毒针对人类有很强的杀伤力，如果人被红火蚁叮咬，伤口处会有像被火烧一样的疼痛感。如果人对这种毒液过敏，还会出现皮肤红肿、休克昏迷等症状，甚至死亡。

一旦被红火蚁叮咬，用肥皂水或洗手液清洗都不管用，必须马上就医。

没事！

除了伤害人类之外，红火蚁对生态环境的破坏力同样惊人。其所到之处，各种小动物、植物都被一扫而空，这简直就相当于大屠杀。红火蚁还会破坏农田，小麦、大豆、玉米的嫩苗、嫩叶都被它们吃得七零八落。

这次的电线口感有点硬，还是上次的好！

红火蚁还会在一些电力设备、交通信号机机箱、空调等设施中筑巢，影响设备的正常运转，甚至咬坏电线绝缘层，酿成大祸。

早在 20 世纪，红火蚁就被称作"地表最强入侵生物"，1930 年后就已经肆无忌惮地扩散到了美国各地。国际贸易发展起来之后，小小的红火蚁借着轮船的压舱铺垫土、盆景土壤等渠道偷渡到了世界各地。

淮河

秦岭

1999 年，我国在台湾发现了它们的足迹。到 2004 年，广东也出现了红火蚁。现在它们已经入侵到我国南方 12 个省区市，可能会在不久的未来越过秦岭—淮河一线来到北方。

遏制红火蚁的蔓延势在必行。人们已经想出了不少治理红火蚁的好办法，外防入侵，内防携带，化学、生物、物理手段**三管齐下**。一方面加强进口检疫，防止其流入境内；另一方面采用化学防治，通过毒饵诱杀、药剂浇灌、挖巢喷杀等方式杀灭它们。

毒饵

　　我国还从红火蚁的老家南美洲引进了一种专门寄生于红火蚁的**蚤蝇**，其可以在红火蚁身上产卵寄生，是它们的天敌。

　　希望这些杀人于无形的红火蚁能尽早被消灭吧！

最没有"排面"的入侵生物
——牛蛙

牛蛙大概是所有外来入侵物种中最没有"排面"的一个，毕竟我们现在提起它时，不会像听到福寿螺、红火蚁时那样感到害怕，而是首先会问："去哪儿吃？怎么吃？"

在"吃货"们的眼里，牛蛙是一种美食。它的肉既细嫩又有嚼劲，与鸡翅相似但又多了几分鲜香，无论是水煮牛蛙、干锅牛蛙还是香辣牛蛙，都让人想起来就要流口水。

放开我！
我可是入侵物种！

在牛蛙进入我国之前，人们就很喜欢吃农田里常见的青蛙（中文正名叫"黑斑侧褶蛙"，简称"黑斑蛙"），还给它取了个名字叫"田鸡"。但是黑斑蛙是农田里的小卫士，如果滥捕滥杀，就会影响生态平衡，让害虫们变得肆无忌惮。

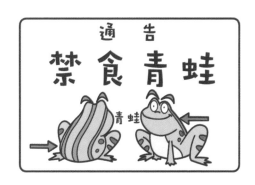

为了让大家既能吃上鲜嫩的蛙肉，又不会放任害虫生长，20世纪60年代我国从古巴引进了原产于美国东部和加拿大等地的美洲牛蛙。

从外形上看，牛蛙和黑斑蛙长得非常像，都有一身光滑的绿皮肤，不像隔壁的蟾蜍那样疙疙瘩瘩的。但牛蛙的**体型**比黑斑蛙要大三四倍，就像一个是迷你版，一个是加强版，牛蛙的背上也没有竖条纹，而且牛蛙的**叫声**像牛一样，是洪亮的"哞哞"声，而黑斑蛙的叫声是清脆的"呱呱"声。

黑斑蛙　　　牛蛙

从外形上看，牛蛙就像是黑斑蛙流落海外的大哥。人们也正是怀着这种美好的希望，把牛蛙投放到农田里，希望它和中国的"小兄弟"一起抓害虫，保护庄稼的平安，同时还能作为一种美食，一举两得。

此外，还有很多养殖户在牛蛙价格下跌时将其一放了之，造成牛蛙从养殖场走向了田间地头。

然而，牛蛙只是**表面看起来温良**，骨子里却嗜好暴力和杀戮，它们只要遇到活物，就会大嘴一张，先将其吞进肚子里再说。除了农田里的昆虫之外，它们还喜欢吃肉多的小鱼、小鸟、青蛙，甚至同类相食。

都说青蛙怕蛇，牛蛙却连蛇都敢一口吞下，更别提蜥蜴和壁虎之类的动物了，对小动物们来说，它们就像霸王龙一样可怕。因此，牛蛙被戏称为"蛙中暴龙"。

蛙中战斗机

牛蛙的蝌蚪也很凶猛，比青蛙蝌蚪大3~4倍，有18~20厘米长，不但能吃比它们小的鱼虾和其他蛙类蝌蚪，而且会成群攻击比它们大的鱼类。

晒个日光浴……

另一方面，牛蛙的适应能力很强，不像黑斑蛙那样只能生活在水边，它们可以离开水源很远，被日光直晒几个小时都不疼不痒。

我年轻的时候啊……

　　牛蛙的囤储能力也非常惊人，美美吃饱一顿后，一年不吃东西也不会饿死。所以，牛蛙比大多数种类的青蛙都要长寿，可以活4~5年，甚至10年之久。它们的繁殖能力也很强，雌蛙一年可以产卵2~4次，每次可产约2万枚卵。

　　从20世纪80年代开始，牛蛙在我国南方很多地区的田野间扩散开来，它们不但挤占了本土蛙类的生存空间，而且大肆捕食本土的黑斑蛙、虎斑蛙等两栖动物。更可怕的是，牛蛙还能传播一种对蛙类致病能力超强的蛙壶菌，造成本土两栖动物数量大范围锐减（幸好这种病菌对人体无害）。有生物学家认为，它们就是导致在云南省滇池中生活的滇螈灭绝的元凶。

滇螈 卒

不过，牛蛙并没有嚣张太久就被人类"制裁"了。出手的不是别人，正是热爱美食的"吃货大军"。特别是最近几年，喜欢吃牛蛙的人越来越多，用牛蛙做成的菜式也花样百出，让人垂涎欲滴。目前，市面上卖的牛蛙 99% 以上都是养殖场出产的，在野外已经很少见到它们了。

清蒸　　　　　　干锅

麻辣　　　　　　煲汤

不过一定要注意的是，吃牛蛙必须用大火将其彻底煮熟，不然有可能感染裂头蚴等寄生虫哦！

面丑心更丑的清道夫

很多人的生态观赏鱼缸中会养一种看起来**很丑**的鱼，它有一个怪异的大脑袋，身上遍布黑白花纹，白天喜欢安安静静地趴在水底，或是用嘴吸附在缸壁上——它就是"清道夫"。

老实巴交

摊牌了，我不装了

你可千万别被清道夫这副"老实巴交"的样子给骗了！其实所谓"清道夫"只是商家给它安排的"<u>鱼设</u>"而已。它的中文正名叫豹纹脂身鲇，豹纹是说它身上的花纹像豹纹。它属于骨甲鲇科，原产于南美洲的亚马孙河流域，是不折不扣的外来入侵物种！

　　你可能想不到，清道夫在20世纪90年代刚来到中国的时候，是作为观赏鱼售卖的；可能长得丑也是一种特色吧，其价格还不低呢。但是很快人们就发现，这种鱼适应性很强，繁殖得也很快，再加上长得丑，想卖都不好出手，所以越来越便宜。

　　为了好卖，有些卖鱼的商家便给清道夫编出一个"励志故事"，说它们只吃鱼缸里的脏东西，就像马路上的清洁工一样默默无闻地干脏活，有了清道夫就能让鱼缸干净又卫生，所以每一个生态观赏鱼缸中至少要养一条。

其实，清道夫可不是什么无私奉献的 "劳模"，它们和其他鱼类一样，对新鲜的食物情有独钟，只有在缺少食物的情况下才会去吃水底的垃圾。它们会和其他观赏鱼抢鱼食吃，会把好好的水草啃得七零八落，甚至还会追逐并趴在受伤的鱼儿身上吮吸伤口，致使其死亡。

最关键的是，它们虽然垃圾吃得多，但排出的粪便也非常多，清理的还不如自己产生的多。

　　看清楚它们的真面目以后，很多养殖户就把大量清道夫放生到江河湖泊中，造成了严重的生态灾难。清道夫到了野外环境中，真是字面意义上的"如鱼得水"，可以长到20~33厘米长，甚至达到50厘米长，像一台台无情的收割机，把河底的鱼卵和鱼苗、水藻、小虾等吞吃得一干二净。

　　由于不能在自然环境下过冬，所以它们在北方水域还不多见，但是在南方很多水域中已经泛滥成灾，钓鱼钓上来的十有八九都是清道夫。

清道夫之所以会泛滥成灾，还因为它们有超强的适应能力。它们身披一层硬硬的骨板，连凶猛的肉食性鱼类都拿它们毫无办法。它们还可以在污染严重的臭水沟中存活，就算离开水面被暴晒至身体变干，只要鱼鳃处有水，放到水里之后还能活蹦乱跳。

给我点水，再起来"嗨"！

能不能发动"吃货"，像对待小龙虾和牛蛙那样，把清道夫吃成"保护动物"呢？你又想多了！它们虽然个头不小，但全身上下都是硬邦邦的骨头，只有可怜的一小口肉，就算煮熟了也会散发出一股恶心的腥臭味。更何况它们常年待在污染严重的环境里，身上布满了病菌，很少有人会把它们端上餐桌。

如果你想把钓上来的或是鱼缸里养的清道夫扔掉，记得一定要杀死它们再扔。保护野外水域环境，人人有责！

打不死的"小强"
——美洲大蠊和德国小蠊

据说一个土生土长的北方人，第一次在南方见到蟑螂的时候，第一反应肯定是大喊一声："刚才过去的是什么玩意儿？！"

南方蟑螂很担心你

南方的大蟑螂居然能长到跟人的手指头差不多长，比北方的蟑螂足足大四五倍！而且这种大蟑螂**还会飞**，胆子小的人见了可能会被活活吓晕。

北方蟑螂　　　南方蟑螂

古书《晏子春秋》中说"橘生淮南则为橘，生于淮北则为枳"，蟑螂会不会也像橘子那样，到了南方温暖湿润的环境就能长得硕大无比？并非如此。其实你见的蟑螂多了就会发现，南方也有很多小个子的蟑螂，北方偶尔也有大蟑螂。小蟑螂并不是大蟑螂的孩子，它们属于不同的物种。

宝贝，妈妈爱你！

你才不是我的妈妈！

蟑螂是一大类蜚蠊目昆虫的俗称，全世界有 5000 多种。在我国最常见的大蟑螂叫**美洲大蠊**，其喜欢温暖湿润的环境，所以在**南方**更常见。它们的身体呈油光发亮的红褐色或棕褐色，能够长到 3~5 厘米长，视觉效果惊人。和它个头差不多的常见的蟑螂还有黑胸大蠊和澳洲大蠊。

美洲大蠊　　　　　　澳洲大蠊　　　　　德国小蠊

而最常见的小蟑螂叫**德国小蠊**，它们虽然个子小，但适应能力比美洲大蠊更胜一筹，它们不怕冷也不怕热，在我国各地都有分布，也是**北方**最常见的蟑螂；它们的身体呈黄褐色或棕褐色，颜色比美洲大蠊稍浅一点。

不管是美洲大蠊还是德国小蠊，都是外来入侵物种。不过，它们的老家与名字却没有必然联系。

美洲大蠊来自非洲北部，17世纪偷偷乘坐人类的船舶来到了美洲，并扩散到了世界各地。

别过来！

走开！

德国小蠊则原产于东南亚，跟德国八竿子打不着。至于它们为什么会有这么个名字——就连德国人都不知道，而在德国，它们被称作"法国蟑螂"。

德国小蠊有特殊的生存技巧：它们的产卵量比其他蟑螂多得多，一对蟑螂夫妻一年就能繁殖 20 多万只。

它们的**卵鞘**外不但有一层**硬外壳**，而且雌蟑螂产卵后还会把卵鞘粘在自己的腹部**带着走**。与那些生完宝宝就不管不问的妈妈相比，它们要负责得多。

20 世纪 80 年代，德国小蠊在我国还不太常见，但是进入 21 世纪后便迅猛扩散，已经占据了全国几百座城市的厨房、卧室和下水道。

2006 年，德国小蠊的数量已经在北京市海淀区发现的蟑螂总量中占到了 99% 以上。就算在南方，它们的数量也比美洲大蠊多得多，只是不如特大号蟑螂那么惊悚罢了。

明蠊易抓，暗蠊难防。

其实，绝大多数蟑螂都喜欢生活在野外，以腐烂的树叶和土里的腐殖质为食，比如我国本土原产蟑螂"土鳖虫"。只有美洲大蠊和德国小蠊等少数种类适应了人类房间中的生活，它们都是杂食动物，主要以蔬菜、肉类、食物残渣等为食，尤其喜欢在夜里爬出来偷吃含糖量高的甜食。所以，如果你早上醒来发现自己昨晚买的面包只剩下残渣，可能就是被蟑螂偷吃了。

美洲大蠊和德国小蠊等入侵蟑螂虽然胃口好、适应能力强、繁殖快，但跟那些劣迹斑斑的外来入侵物种相比，它们的危害简直不值一提。它们主要跟着人类生活，吃掉大量厨余垃圾，对野外生物圈破坏不大。

另一方面，虽然人们在蟑螂的身上检出了很多种类的致病细菌、真菌等，但目前很少出现蟑螂传染疾病给人类的事件，只有零星的过敏事件。

不过，在大多数人的眼里，蟑螂仍然是十恶不赦的昆虫，毕竟看到自己的卧室里住满了蟑螂，谁的心里都会不舒服。所以，人类发明了许多灭杀蟑螂的办法，如药物防治、生物防治以及人工扑杀等。不过最好的办法还是保持室内整洁干净，如果你的家里没有垃圾堆，自然就不会招来蟑螂啦！

把湖水抽干也要抓到的远古"巨怪"——鳄雀鳝

2022 年 8 月，河南省汝州市政府为了抓到一条鱼，决定使用水泵等设施**把一座人工湖中的水抽干**。什么鱼这么可怕，能让有关部门如此大动干戈？原来，它是一种危险性极高的外来入侵生物——鳄雀鳝。

反正他们找不到我！

雀鳝是一大类古老原始的鱼，早在一亿年前的**恐龙时代**，它们就长成了现在这副奇怪的模样，有一个凸出的尖吻。

恐龙已全部灭绝

好耶！我的时代来临了！

鳄雀鳝也叫福鳄，是雀鳝目中体型最大的一员，可以长到3米多长，体重超过100千克。只看嘴巴，鳄雀鳝还真有点像**鳄鱼**，嘴大，吻却比较短，张开巨嘴会露出两排像匕首一般锋利的尖牙，非常吓人。

鳄雀鳝的老家在北美洲南部，虽然它是当地最大的**淡水鱼**，但由于它在当地有美洲鳄等天敌，再加上人类的过度捕捞，它差点就成了**濒危物种**。然而"树挪死，鱼挪活"，20世纪90年代，鳄雀鳝作为观赏鱼被引入中国之后，却成了让渔民们深恶痛绝的外来入侵物种。

北美洲

中国

还没尝出什么味……

作为淡水中的顶级捕食者，鳄雀鳝不但是个嘴馋的"吃货"，而且几乎什么活物都吃，无论是鱼类、青蛙还是龟鳖，在它的血盆大口之下谁都逃脱不了。不过，鳄雀鳝虽然长了满嘴尖牙，却不会咀嚼食物，而是像蛇一样，张开大嘴把食物直接吞下肚去。

所以，如果一片水域里有了一条鳄雀鳝，其他鱼类如果不及早搬家，就会被吃得一干二净。甚至有人如果用手去逗引它，也会被咬掉几根手指。

想象一下，一条鲨鱼空降到了河流中，该有多可怕。鳄雀鳝对鱼群的杀伤力丝毫不比鲨鱼弱！

鳄雀鳝的生存能力极强，它们浑身长着一层釉质的鳞片，这种鳞片几乎像人的牙齿一样坚硬。而且它们能够离开水面，靠直接呼吸空气存活两小时。

鳄雀鳝的寿命长达 25~50 年，甚至还有活到 75 岁的"古稀老鱼"。它们的繁殖能力也相当强，一条雌性鳄雀鳝每次产下 14 万~20 万枚卵，6~8 天就能孵化。怪不得和它们同一年代的恐龙都灭绝了，它们还能独善其身。

咣！

问题又来了——这么大的鳄雀鳝、这么多的肉，为什么不把它红烧或是清蒸来吃掉呢？

其实，早就有人试过了，但鳄雀鳝的卵有剧毒，吃上一口就完蛋。就算是不产卵的雄鱼，其身上的鳞片也实在太硬了，想要剥下来非常费劲。

而且鳄雀鳝的寿命比较长，导致其肉像柴草一样干巴，一点都不嫩，很不好吃。

阿咕咕（肉太老了）！

靠"吃货"拯救世界？至少对鳄雀鳝来说是无效的。

　　我国自然水域中的鳄雀鳝，绝大多数都是养殖户和养鱼人<u>弃养</u>或<u>放生</u>的。因为它们性情凶猛，和同类都无法和睦相处，所以没有像清道夫那样形成大规模的生物入侵。

　　但在广东省的珠江流域，有一些地方还是出现了鳄雀鳝鱼群。其他鳄雀鳝还没有泛滥的地区，人们也要继续严防死守，绝对不允许鳄雀鳝进入水域，**一条都不行**！

　　如果你在本地的江河湖泊中发现了奇形怪状的大鱼，一定要及时向有关部门报告，万一是可怕的鳄雀鳝呢？

凶猛可怕的食人鲳

2012 年的一天，家住广西柳州的张先生到河里给小狗洗澡。洗着洗着，他突然觉得手臂很疼，仔细一看，自己居然被一条模样古怪的鱼咬伤了！张先生抓住这条鱼后才发现，它和电影《食人鱼》里可怕的亚马孙河食人鱼长得很像，于是他立刻报了警。

经鱼类专家鉴定，咬伤张先生的怪鱼还真就是原本生活在南美洲亚马孙河流域的一种食人鲳。

虽然名字里有个"鲳"字，但它和大海里的鲳鱼没有亲缘关系，反倒和淡水中的鲤鱼是近亲。

这类鱼因为比鲤鱼多长了一根脂鳍，与鲑鱼也长得有点相似，再加上有像锯齿一样尖利的牙齿，所以在鱼类生物学上被划为"锯脂鲤属"，其中常见的有红腹锯脂鲤、卡氏锯脂鲤等。它们的长相和习性差不多，因此可以统称为"食人鲳"。

我可是"实力派"！

食人鲳　　鲳鱼

俗话说"身怀利器，杀心自起"，嘴里长满了利齿的食人鲳自然也是性情凶猛的狠角色，因而又称作"水虎鱼"。

虽然个头不算太大，比鳄雀鳝之类的大鱼小得多，但食人鲳懂得团队作战，动辄上千条抱团，而且它们的下颌力量很大，连木板都能咬穿，所以它们是老家亚马孙河里的一霸，集结一大群"兄弟姐妹"就能在水里横着走。

万一有山羊、猴子等哺乳动物不小心从岸上掉到了水里，一群食人鲳就会一拥而上，狠狠咬住猎物不放，然后依靠身体的扭动，把猎物的肉撕下来吃掉，几分钟内就会把猎物吃得只剩下白骨。就算是人类，如果被一群食人鲳围住，也是凶多吉少。

不过这种"加餐"机会可遇不可求，食人鲳的主要食物还是水里的小鱼，它们的听觉很灵敏，小鱼一有动静就会被它们听到，然后它们会疯狂地紧紧跟踪追逐，直到将小鱼吃进嘴里为止。

嘻嘻，白日做梦。

放过我吧！

生活不易，
鱼鱼叹气。

这么凶狠的食人鲳是怎么从万里之外的南美洲来到中国的呢？原来，20世纪80年代，有人为了欣赏食人鲳进食时的嚣张样子，专门把它们作为观赏物种引入了我国。后来很多人因为养食人鲳花费太高，而且它们也不怎么好看，就将其放生到了野外环境中。食人鲳喜欢温暖的环境，所以很快就在华南的珠江流域扎了根。

食人鲳凶猛残暴，繁殖能力也很强，一旦形成规模就会把一片水域中的小鱼吃个精光。因此，在张先生报警后，有关部门下发了悬赏令：抓住一条食人鲳奖励 1000 元！海关部门也严查进口的鱼类，发起对食人鲳的阻击战。目前，食人鲳在国内还没形成完整的种群，说它们大规模袭击人类和牲畜，更是夸张的故事。但是它们毕竟是极为凶猛的鱼类，我们还是不能对它们掉以轻心啊！

不过，"追杀"食人鲳时，也不要错怪了好鱼。1985 年，我国还从南美洲引进了一种叫短盖巨脂鲤的鱼类，其俗名叫"淡水白鲳"。它是食人鲳的"近亲"，是杂食动物，既吃草也吃小鱼。

有人因为分不清它和食人鲳，闹过不少笑话。其实这两者很容易分辨：食人鲳的下颚比上颚长，嘴巴是"地包天"的形状，满口牙齿像尖利的锯齿；淡水白鲳的上下颚一样长，牙齿也像人类的臼齿。

老弟，看看牙吧！

淡水白鲳　　　　食人鲳

所以，要看准了，不要误伤啊！

农作物"幺蛾子"——草地贪夜蛾

论"资历"，2019年才进入我国的草地贪夜蛾在外来入侵物种中只能算 小辈，但它的危害却不比水葫芦、小龙虾等早已在中华大地扎根的"老前辈"的小，甚至称得上 后来居上。

带带弟弟！

草地贪夜蛾的老家在美洲热带和亚热带地区，很早以前就在美国佛罗里达州等地兴风作浪，但以前都只在西半球活动。

从 2016 年开始，草地贪夜蛾把入侵的触角伸到了东半球的亚洲、非洲等地。2019 年 1 月，我国云南普洱江城发现了从东南亚进犯的"幺蛾子"，并且它很快扩散到了 20 个省区市，连山西、甘肃等地也有了它的身影。

弱小　可怜　无助

但非常能吃！

如果只看长相，草地贪夜蛾可谓平平无奇，无论成虫还是幼虫，都和常见的夜蛾科昆虫没有太大区别。但它的出现却让各地农业部门如临大敌，这是为什么呢？有农业专家用 4 个"非常"来概括它的特点：非常能吃、非常能飞、非常能生、非常难防。

草地贪夜蛾名字中的"贪"字，一下子就概括了它最大的特点——比大贪官和珅还要贪。

草地贪夜蛾的幼虫叫秋黏虫，其食物种类非常多，包括玉米、水稻、花生、大豆、茄子等。尤其是玉米苗，一旦被这种虫子盯上就遭殃了，它们会在叶片上啃出一个个大洞，甚至可以直接啃穿玉米苗的基部，造成整片地的玉米绝收。

糟蹋完一块地里的玉米苗后，它们会像士兵一样排成纵队转移到另外的地块，所以草地贪夜蛾也被称为"**行军虫**"。

除了和其他蛾子一样会飞之外，草地贪夜蛾还有一个绝技：可以借助**大气环流**迁徙到数百千米之外。因此，只要有一个地方出现了草地贪夜蛾，邻近的一大片区域都会陷入危险之中。

草地贪夜蛾的**繁殖能力**非常强，在温暖潮湿的环境下，一只雌蛾一次可以产下约 200 颗卵，卵孵化后 30 天就能长成成虫，然后再传宗接代。在我国南方地区，一对草地贪夜蛾在两三个月内就能繁殖出一支庞大的"军团"。

因为草地贪夜蛾极难防范，所以它们一登陆我国，就受到了有关部门的关注。各地都建立了监测网络，一旦发现虫害，立刻通知附近区域联防，然后合理使用诱捕法、喷洒农药法、生物防治法等，尽量减少农民的经济损失。

比如，天津市蓟州区在 20 万亩（1 亩 ≈ 667 平方米）玉米地里投放了一种叫"赤眼蜂"的寄生蜂，防治效果非常好。

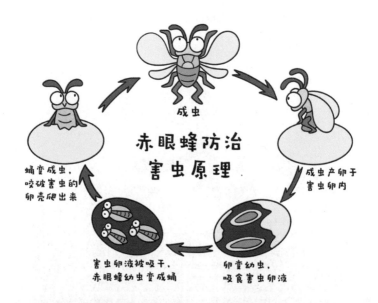

看来，草地贪夜蛾虽然是一种很难对付的"幺蛾子"，但也不是没有办法对付。

赤眼蜂

挑食的"小怪兽"——椰心叶甲

大部分外来入侵动物的食性都很杂，比如非洲大蜗牛和美国白蛾幼虫，都是见什么啃什么。因为来到一个全新的环境中，如果挑食，就很难找到食物。但也有*例外*，比如椰心叶甲。

椰心叶甲是一种扁平细长的小甲虫，体长一般只有8~10毫米。它有一对黑色的鞘翅，胸部是黄褐色的。它还有一个很小的黑色（红黑色）的脑袋，脑袋上长着两根长长的触角。它看起来并不凶恶，甚至还有点可爱，但是一提起它的大名，种植椰树的果农立刻就会紧张起来。

椰心叶甲的老家在太平洋南部的印度尼西亚和巴布亚新几内亚，除了椰树之外，它还会寄生于同为棕榈科的槟榔、棕榈、海枣等植物。不过，它最喜欢的还是寄生在椰树最幼嫩的心叶上，以叶肉为食。

早在 1975 年，椰心叶甲就通过进口的椰子传入我国台湾；1994 年，在海南也发现了它的踪迹，之后入侵地进一步扩大到了广东、广西等，凡是有椰树的热带地区，都很难摆脱它。

很多昆虫的幼虫和成虫吃的食物都不一样，比如菜粉蝶的幼虫吃植物的茎叶，成虫吃花蜜，但椰心叶甲的幼虫和成虫一样，吃的都是椰树等棕榈科植物的心叶。

"大树底下好乘凉"，椰心叶甲藏在高大的椰树心叶内，非常安全，风吹不到、日晒不着，鸟儿都看不见。它们每年可以繁殖 5~6 个世代，一家几代虫都可以在椰树心叶间美美"躺平"，再产卵、孵化、长大、成蛹、成熟。

千万别因为椰心叶甲小而小看它们的危害性，如果防治不及时，成百上千个"小虫家族"很快就会把叶片吃得枯黄干巴，严重的时候还会导致整个植株枯死。

椰心叶甲可不会为椰树"殉葬"，它们是会飞的，一旦椰树死掉，它们就会飞到下一棵椰树上继续大吃特吃并生儿育女。

速速撤离！

由于最早入境的时候不受重视，椰心叶甲在华南地区传播得非常快。2003 年，海南省染虫受灾的椰树就达到了58.9 万株，2006 年则激增到了 317 万株，椰子产量出现了大幅下滑。2005 年，广东省在普查中发现，椰心叶甲危害的棕榈科植物多达 134 万株，并且这一情况还在迅速恶化，积极防治已经刻不容缓。

现在，我国已经对椰心叶甲实行了最严格的防控措施，除了海关的严防死守外，还使用了裁减椰树顶叶包、砍伐焚毁染虫病树、喷洒农药以及生物防治等措施。

除了永远战斗在防治生物入侵第一线的姬小蜂家族之外，还有一种叫"金龟子绿僵菌"的真菌，也是生物防治的利器。它可以入侵到椰心叶甲体内释放杀虫毒素，让它们变成长满绿色菌体的"僵尸虫"，从而消灭它们。金龟子绿僵菌对人、畜、农作物都无害，不会污染环境，非常实用。

目前，我国已经基本遏制住了椰心叶甲的强大攻势，但要完全消灭它们还是任重道远。

漂亮的植物会骗人——水葫芦

盛夏时节，漫步在南方的池塘、河流、水田附近，经常能看到水面上开满浅蓝色、蓝紫色的花朵。碧绿的叶片漂浮在水面上，叶柄下圆嘟嘟的葫芦状空腔很可爱。它们就是"水中美人"——水葫芦，中文正名叫凤眼蓝，又称"凤眼莲""水凤仙""洋水仙"。

每天早上
都被自己美醒。

这么美丽的植物，很难让人把它们和"生物入侵"联系到一起。其实在很长一段时间里，水葫芦在人们的眼中都是大自然的馈赠。和扎根在淤泥中的荷花不同，水葫芦每个叶柄的中部有个膨大的像葫芦的空腔，所以它们能像小船一样漂浮在水面上。

和很多入侵我国的生物一样，水葫芦的老家也在南美洲。1844年，商人把它从巴西带到美国的一个博览会上，凭借娇艳欲滴的花朵和净化水质的能力，它深受世人的喜爱，被誉为"美化世界的淡紫色花冠"。随后，它们成为花卉中的"交际花"，漂洋过海，足迹遍布全球。

我爱洗澡，
水质好好。

为什么水葫芦能净化水质呢？因为它的须根极为发达，好像一把把小刷子，能不断吸收水里的污染物，不管多脏多臭的水质它都不怕。它不仅能吸收水里的氮和磷，控制水体富营养化，有效防止恶心的浮游水藻滋生，还能把水中的铅和汞等有害金属元素清理得干干净净。

早在 1901 年，水葫芦就已经作为观赏花卉到了中国。到了 20 世纪 30 年代，人们发现它的叶片鲜嫩多汁、营养丰富，可以用作鸡、鸭、猪等家禽和家畜的饲料，便大规模推广种植。在那个物资贫乏、人们吃不饱饭的年代，水葫芦立下过汗马功劳。

嘎！

然而，这种看似无害的植物，到了现代却成了名副其实的"水中恶魔"。

因为水葫芦一旦来到一片新的水域，就会迅速地对外扩张，形成"接天圆叶无穷碧，映日葫芦别样绿"的场景。它们为水面披上的这层绿色"外衣"，成了诸多水生动植物的噩梦。

要知道，一株水葫芦在 90 天内可以繁衍成 25 万株。不到一年，其子孙就能形成密密的"绿毯"，铺天盖地，阻挡阳光照进水里。

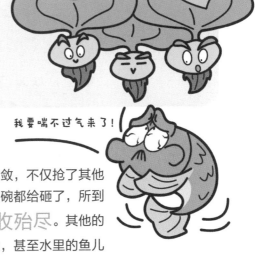

我要喘不过气来了！

横行霸道的它们还不知收敛，不仅抢了其他水生植物的地盘，连人家的饭碗都给砸了，所到之处的营养基本都被它们吸收殆尽。其他的水生植物只能艰难地夹缝求生，甚至水里的鱼儿都会因为缺氧而死。

141

紫花开处百花残，水葫芦严重破坏了入侵地的生态系统，导致当地渔业一片萧条。不仅如此，水葫芦还会阻塞河道，让船只难以穿行，导致航运业也陷入困境。

我国每年都要投入数亿元治理水葫芦，水葫芦泛滥造成的经济损失更是高达 100 亿元。例如，闽江流经宁德古田的水域曾在 2012 年被浩浩荡荡的水葫芦覆盖了近 10 千米，仿佛一片天然的水上草原。当地不少渔民因此遭受的经济损失超过 2 亿元。

捕鱼，从入门到放弃……

为了降服"作恶多端"的水葫芦，我国开始了大规模的防治行动。

起初，人们采取最直接的方法——**打捞**。河道养护人员站在船上，布置围网，再用锄头、钉耙等工具将水葫芦拉入网内，移到岸上集中处理。这种方法虽卓有成效，但还是**无法根治**水葫芦的泛滥。

后来，人们又开始采用生物防治法，从南美洲引入了专吃水葫芦的水葫芦象甲。俗话说"一物降一物"，天敌一到，水葫芦也只能束手就擒。

水葫芦象甲

我一定会回来的！

　　通过长期的研究，植物学家发现水葫芦并不是人们想象中的不挑食不偏食的"乖孩子"，只是偏食的方向有点怪，它们更偏爱被污染的水体。也就是说，水至清则无水葫芦。如果江河湖海都清澈见底，挑食的水葫芦自然难以生长和繁殖。

"我花开后百花杀"
——加拿大一枝黄花

有一种色泽艳丽、价格也不高的黄花叫"黄莺"，它的花量很大、花朵娇小可爱，花店常用它来做装饰花。

请注意，如果有一天你买到了带有这种黄花的花束，千万不要随意丢弃，至少也要等它干巴了再扔。因为你扔掉的，可能就是臭名昭著的外来入侵物种——加拿大一枝黄花。

从理论上说，黄莺并不全是"加拿大一枝黄花"，也可能是"粗糙一枝黄花"。但是，从外观上粗略地看，二者几乎长得一模一样，都是开了满脑袋的小黄花，这谁分得清啊！

所以，经常会有商家**鱼目混珠**，把野外生长的加拿大一枝黄花混进去。如果没受过专业训练，普通人难以辨认。

有个简单的辨认它们的方法：加拿大一枝黄花的最大特点是花序像蝎子尾巴一样弯曲，小黄花都朝向同一侧，而其他种类的一枝黄花则是朝向四面八方的。

其实，加拿大一枝黄花当年也是深受人们喜爱的观赏花卉。它原产于北美洲的加拿大、美国等地，早在 100 多年前就随着商业贸易传入世界各地。

1935 年，我国浙江省也引种了加拿大一枝黄花。但是，它很快就展现了自己极强的传播能力，不但在我国多个地区都有分布，更是作为外来入侵物种被轮番"通缉"，频繁登上微博热搜。

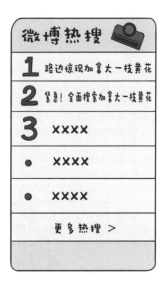

微博热搜 📷

1 路边惊现加拿大一枝黄花

2 紧急！全面搜索加拿大一枝黄花

3 ××××

● ××××

● ××××

更多热搜 ＞

漂亮的加拿大一枝黄花到底干了什么事，令多个省份联合绞杀？因为它是名副其实的"我花开后百花杀"。

古诗中说："春种一粒粟，秋收万颗子。"加拿大一枝黄花比诗中的"粟"厉害多了，单单一株每年就能产生 2 万多粒种子。

而且，加拿大一枝黄花的根系十分发达，在与其他植物争肥、争光的战斗中，它们总能取得优势：只要本地长上一株，一年后就能拥有一个"师"的加拿大一枝黄花，而且它们各个枝繁叶茂、柱高叶长。在它们的抱团进攻下，其他大部分植物都会因为缺少养分和阳光而消亡。

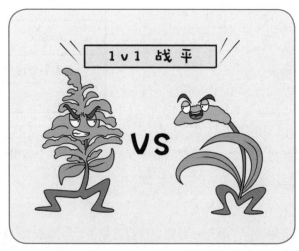

加拿大一枝黄花还特别耐旱，喜欢干燥的环境。不需要操心每天浇没浇水，不需要担心是否打药施肥，从沼泽到荒地，从高山到平原，从农田到果园，有土壤的地方就是它的家。加拿大一枝黄花所到之处，不管是庄稼还是其他杂草都会因为被它抢夺了养分和生存空间而凋亡，以这些植物为食的小动物的生存也会受到威胁，因此，它被称作"生态杀手"。

姐就是女王，自信放光芒。

"养花杀手"们看到这里，是不是心动了？不行的！

由于加拿大一枝黄花有着五花八门的传播途径，一阵风、一只鸟、一块土壤都能带着它的种子到达新家，连人类一不小心踩到它的种子都会成为"携带者"，进而"助纣为虐"，所以，目前它还不能作为园艺植物种养。如果实在想养，也请选择它的本地"表亲"一枝黄花。

对于加拿大一枝黄花的治理，我国现在主要使用物理和化学手段，即人工铲除和喷洒除草剂。不过，前者费时费力，容易有漏网之鱼；后者或多或少都会对环境造成污染。所以，科学家们还在研究新的治理措施。

必须要说的是，我们普通人很难消灭干净这种恶性杂草，甚至有时候还会帮倒忙，一不小心把成熟的种子带走，使其传播开来。

如果你想为治理加拿大一枝黄花出一份力，请一发现它的踪影就立即拨打当地农业局、林业局等相关部门的电话，让专业人员进行专业的处理。最好不要自己动手拔除，以免造成二次传播。

期待有一天它能被永远地关进植物园，仅供人们观赏、合影留念。

侵袭美国的"绿巨人"——葛藤

在我国茂密的山林中，生长着一种叫"葛藤"的豆科藤本植物，它可以长到数米甚至数十米长，长茎柔韧结实，可以当作**绳子**捆扎物品；古人还从它的茎皮中剥出纤维，用以**纺织葛布**，相传上古时代的尧帝就喜欢在夏天穿葛衣。

葛藤的块根也深受人们的喜爱，可以制成**葛粉**，加点糖水一冲，就能当饭；还可以用来做**葛糕**。

一身都是宝

茎皮中的纤维可以做衣服

块根可以做葛粉、葛糕

花可以吃

日本人也很喜欢葛藤，在日本，很多人家都会种植葛藤。1876年，在美国费城举办的世界博览会上，日本代表团用葛藤枝条来装饰展台。美国人看到这种开着一串小紫花的植物，十分好奇，就引种到了本国，没想到就此打开了"潘多拉的魔盒"。

最初，葛藤在美国也只是园艺师们养的植物。1935年，美国遭受了严重的虫灾，庄稼被吃掉后，大片土地水土流失。有人就向美国联邦土壤保护委员会推荐了葛藤，因为它不但好养且生长迅速，用来保护土壤非常合适。

于是，这个委员会就在美国南方大规模推广种植葛藤，只要人们肯种就给予奖励。"重赏之下，必有勇夫"，到1940年，仅得克萨斯州就种植了不下50万英亩（1英亩 ≈ 4047 平方米）的葛藤。

自从吃了葛藤，一口气跑10千米都不费劲!

另一方面，美国人发现：葛藤的茎富含蛋白质、淀粉和纤维，可以给牛做饲料，还能提高土壤的肥力。研究结果发表以后，种植葛藤的人就更多了。

不过，葛藤可不是逆来顺受的"老实人"，而是**野心勃勃**的"绿巨人"——它有自己的一整套宏伟计划。

它的每个茎节接触土地后都能生根，长成一棵新葛藤，而且它能够适应各种各样的自然环境，既耐寒又耐旱，生长迅速，可以同时向四面八方生长。加上葛藤在美国**没有天敌**，所以它很快就铺满了大片大片的土地。

占领了农村和荒野还不够，葛藤开始向**城市**进发，用它们攀缘能力极强的枝条缠绕在高楼大厦、电线塔上，并且覆盖了每一寸能够生长的土地，甚至阻塞了**高速公路**和**铁路**。

被葛藤覆盖的其他植物因为见不到阳光，很快就枯死了，就连被它缠绕的大树也很难生存。

因为葛藤挤占了庄稼和其他植物的生存空间，严重破坏了生态平衡，到 20 世纪 60 年代，美国农业部门终于收回了奖励葛藤种植的法令，并且向它发出了"追杀令"，想尽办法铲除葛藤。这些办法包括但不限于人工挖断它的根系、喷洒除草剂、昆虫防治等，但都没有起到很大的作用。

美国现在仍然有 2/3 的州被葛藤侵袭，每年由此造成的经济损失和投入的防控费用多达 50 亿美元。

为什么葛藤在美国泛滥成灾，在我国和日本却一直没出过事儿呢？

　　因为自然界中存在着精巧的生物链，我国和日本的很多本土真菌和昆虫都是葛藤的克星。当然，"吃货"们也帮了很大的忙，毕竟无论是葛粉还是葛糕都是非常好吃的食品，单凭到处挖葛根的农户，葛藤也成不了灾。

　　然而在美国，这一招就很难奏效，因为美国人平时很少吃素菜。也许只有把葛藤开发成类似于炸鸡或可乐那样的方便食品，才有可能"变废为宝"。

头号"植物杀手"——紫茎泽兰

2003 年，《中国第一批外来入侵物种名单》发布，其中包括臭名昭著的美国白蛾、水葫芦等外来入侵物种。而在这个"入侵者联盟"中，位列第一的却是一个略显"小清新"的名字——紫茎泽兰。

紫茎泽兰虽然名字里有个"兰"字，却不是真正的兰花，而是菊科泽兰属植物。草如其名，它的**茎是紫红色**的，长得粗壮发达，最高可以长到两米多，这对一株草本植物来说已经算是"光宗耀祖"了。每年冬春之交，紫茎泽兰会开放一簇簇白色的小花，40~50多朵聚在一起组成花序。它的种子像蒲公英种子一样长有冠毛，可以随风飘飞，传播到很远的地方。

　　紫茎泽兰有很多个外号，"破坏草"也好，"魔鬼草"也罢，都说明它是让人类头疼的一种恶性杂草。
　　紫茎泽兰的老家在美洲的墨西哥至哥斯达黎加一带。19世纪时，它被园艺师看中，作为观赏植物传播到了全球各地。20世纪40年代，紫茎泽兰越过中缅边界侵入我国，迅速扩散到了云南、广西、贵州等地，甚至连青藏高原上也出现了它的身影。

紫茎泽兰有极为强大的繁殖能力，一株就能产生3万~4.5万颗种子。这些种子可以随风飞出几十公里，不管是飞到农田里、草原上、林地里还是路边，只要落下就会生根发芽。刚长出的幼苗虽然小，但生长速度很快，只需要8周就可以开花结果。

而且，紫茎泽兰在中国没有天敌，所以很快就侵袭了大片土地。除了通过种子繁殖之外，它的茎也能生出不定根，变成新的植株。

紫茎泽兰的吸收能力很强，它就像"吸血鬼"一样，疯狂抢夺土壤中的营养物质。更恐怖的是，紫茎泽兰还会分泌克生物质，抑制周围植物的生长，不管是小麦、玉米等农作物还是牧草，一旦被它盯上了，就会被偷偷害死。所以如果一片土地上有了紫茎泽兰，这片土地很快就会变成它的"私人领地"。

咩！我的眼睛！

紫茎泽兰的茎叶中含有毒素，马、羊等牲畜或是人类不小心吃了就会慢性中毒，甚至危及生命。它的种子的冠毛带刺，如果种子飞进牲畜的眼睛，甚至有可能会导致眼瞎。

所以，牧民如果发现了紫茎泽兰，一定要尽快将其铲除。它不仅霸道无比，任性抢夺其他植物的营养，而且一无是处，简直就是

"干啥啥不行，吃啥啥不够"。

不好吃！

不过紫茎泽兰也不是无懈可击，同样有弱点，它喜欢湿润的土壤环境，在干旱的地区很快就会枯死，所以这么多年来，它的侵袭范围还是局限在西南地区。

我要喝水，快给我水！

面对泛滥成灾的紫茎泽兰，我国环保部门也采取了积极的防治措施，其中主要措施就是用人工或是机械将其挖除以后晒干烧毁。如果你在野外看到了紫茎、绿叶、开小白花的可疑植物，一定要向环保部门报告！

通缉令

在《中国第一批外来入侵物种名单》中，还有一种叫"飞机草"的植物，它和紫茎泽兰一样，也是来自美洲大陆的泽兰属植物，长得和紫茎泽兰有点相似，有不少人分不清它们。其实它们的区别很明显，紫茎泽兰的茎和叶柄是紫红色的，而飞机草的茎和叶柄都是绿色的；另外，飞机草只能通过种子繁殖，所以其繁殖速度比紫茎泽兰的繁殖速度稍微慢一点，但它依然是让人十分头疼的恶性杂草。

紫茎泽兰

飞机草

有毒的"葡萄"——垂序商陆

秋高气爽的时节，我们有时会在野外看到一串串像葡萄一样的深紫红色、扁圆形的小果子，它们一颗颗簇拥在一起，看起来非常诱人。

但是你千万不要碰，更不要吃，因为它很可能是有毒的外来入侵植物——垂序商陆。

垂序商陆的茎很高大，一般有一米多高，长到两三米的也不少，其颜色为紫红色。高大的茎配上阔大的绿叶，使垂序商陆在野外草丛中绝对称得上"鹤立鸡群"。

不过，这么好看的植物却对我们人类没有太大用处，因为它全株都有毒，地下块根和果实的毒性最强。吃得少会导致呕吐、腹泻，万一吃多了，就可能导致神经系统麻痹，甚至危及生命。

垂序商陆原本生长在万里之外的美洲大陆，所以也叫美洲商陆。它和我国的一种传统药材"商陆"有些亲戚关系，所以20世纪60年代被引入我国栽培种植，用来治疗水肿病。

然而没过几年，垂序商陆就靠着极强的繁殖能力，把自己变成了路边、荒野和农田中都十分常见的杂草。

垂序商陆虽然确实可以入药，但是必须经过炮制祛除毒性后才可以入口，绝对不适合生吃；当然，拿来喂养牲畜也是不行的。而且现在人们的生活条件好了，患水肿病的人非常少，好好的药材就这么变成了大麻烦。

这就是我要找的药材！

本土商陆和垂序商陆最大的区别，就是果实的样子不同。

本土商陆的果序通常是朝上长的，垂序商陆的果序则是向下垂的——所以才叫"垂序商陆"。另外，本土商陆的果实像大蒜一样是分瓣的，有小小的棱，而垂序商陆的果实不分瓣，也更光滑。

如果它们都没结果，又该怎么分辨呢？看茎就行了。垂序商陆的茎是紫红色的，而本土商陆的茎是绿色的。

不过要注意的是，本土商陆虽然在野外少见，但也是有毒植物，同样远离为妙。

它们都有毒

本土商陆　　　　垂序商陆

垂序商陆之所以被列入外来入侵物种名单，除了它与生俱来的毒性之外，还因为它对生态环境的破坏。

垂序商陆生长迅速，植株高大、叶片宽阔，能轻易覆盖周边植物并夺走其赖以生存的阳光。它还有一块肥大的肉质根，需要吸收大量土壤养分，所以如果一片土地上有很多株垂序商陆，其他植物就会渐渐干枯。

垂序商陆又没有腿，它是怎么进行种子传播的呢？那就是"广撒网"。

一株垂序商陆可以产出 1000~10000 粒细小的种子，每一粒种子的直径只有 2~3 毫米。加上它有充满诱惑力的果实，很容易就会被路过的小鸟、老鼠等动物吃下肚子，从而使种子实现"长途旅行"。

而且垂序商陆的适应能力很强，即使在贫瘠的山区它也能"快乐"生长。所以现在它的足迹已经遍布全国，一到秋季，大江南北都能看到一串串深紫红色的"小葡萄"。

　　虽然和空心莲子草、水葫芦等恶性杂草相比，垂序商陆的扩散速度还不算特别疯狂，但它毕竟是有毒有害植物，如果在野外看到了，可以用铲子将其铲掉，不过尽量别用手碰它。

　　另外，有人会挖出垂序商陆的块根并假冒人参出售。但其实它根本没有人参的功效，反而有剧毒，所以千万不要上当受骗。

"剪不断理还乱"的空心莲子草

在我国南方的一些池塘、小溪里，经常能看到大片绿色水草铺满水面，有些水草还会开出一团白色的小花。

这很可能就是空心莲子草，是一种十分危险的外来入侵植物。

空心莲子草也叫喜旱莲子草或水花生，原本安安静静生长在南美洲的巴西等地，后来跟随人类的足迹，传播到了北美洲、欧洲、亚洲等地。

谁还不是个安静的"美男子了"！

20 世纪 30 年代，入侵中国的日本军队把它引种到了上海、杭州、嘉定等地，用来当军马的饲料。

经过艰苦卓绝的抗日战争，我们终于打败了日本侵略者，但空心莲子草却在长江下游地区繁殖开来。特别是 20 世纪五六十年代，很多人种植它来喂猪喂鸡，空心莲子草慢慢就失控扩散到南方，成为主要的杂草之一。

顾名思义，空心莲子草的"空心"，表示它的茎中间是空的，所以它能轻易漂浮在水面上。

它的茎又分为许多节，可以长到一米多长，每个节上长满了像胡须一样密密麻麻的根，这是它从水里吸收营养物质的"秘密武器"。

虽然空心莲子草在水里如鱼得水，但它并不像水葫芦那样只能生长在水里，在湿润的土地，甚至贫瘠的沙土地里一样可以扎下又长又粗的主根，在地面上匍匐生长。

旅游打卡地——沙漠

一般来说，喜欢水生环境的植物不耐旱，喜欢干旱环境的植物不耐潮湿，喜欢温暖环境的植物不耐寒，喜欢寒冷环境的植物不耐热。

但是以上定律对生命力顽强的空心莲子草**统统无效**！它虽然更喜欢待在温暖湿润的南方，但是把它扔到干旱寒冷的北方，它也能生存下来。

空心莲子草虽然开花，但是其种子很少发育成熟，所以它并不靠种子繁殖。

切下一段空心莲子草的茎插进土里，两周后就能长出一棵新植株。甚至连被动物吃进肚里的茎段，如果没有被嚼烂，跟随粪便排出以后还能长成新的植株。

空心莲子草藏在土里的根状茎可以越冬，第二年长出更多植株。在光照、水分、营养充足的环境中，空心莲子草的生长速度快得吓人，其他植物根本竞争不过。

看我的分身术！

因为适应能力和繁殖能力都极强，又很少有天敌，空心莲子草已经成为很多地区水域两岸、道路两侧、林地里、庭院中最常见的杂草。它不但会严重破坏生态平衡，抢夺庄稼的生长资源，而且会隔绝水中的氧气，造成鱼类窒息死亡。

另外，密密麻麻的空心莲子草还会堵塞水道交通，每年对我国造成的直接经济损失多达十几亿元。

消灭空心莲子草是一件非常麻烦的苦差事，因为它太容易繁殖了，像对付其他杂草那样将其铡成段撒到地里，反而会"剪不断理还乱"，帮助它扩散繁殖。

要想彻底消灭它们，必须顺藤摸根，挖到地下 1~1.5 米，把它们的每一条根都挖出来，连同茎叶一起晒干烧掉。

我国还借鉴其他国家的经验，从南美洲引入了莲草直胸跳甲等空心莲子草的天敌，取得了不错的防治效果。然而，这场和空心莲子草的战争注定无法速战速决，在未来很长一段时间里，我们都要和它作战。

黑死病，从死亡到新生

各种病毒层出不穷的变异版本，让无数人筋疲力尽——人类能战胜病毒吗？

从历史上看，很多瘟疫的流行，都是外来入侵生物，包括**细菌**、**真菌**和**病毒**等微生物引起的，比如改变了整个欧洲面貌的黑死病。

"大名鼎鼎"的黑死病是鼠疫耶尔森菌引起的烈性传染病。它主要通过寄生在老鼠、旱獭等动物身上的跳蚤传染给人类，因感染的人在腋下、大腿、腹沟等部位会出现黑色肿块而得名。

　　黑死病最大的特点是致死率极高、发病极快，患者往往在短短几天之内就走向生命的终点，甚至感染的当天就会身亡。

住着黑死病患者的房子

为什么欧洲会暴发如此大规模的黑死病呢？其实，黑死病是人类历史上最早使用的"生化武器"。

1347 年，蒙古军队和热那亚人在卡法城交战。由于卡法城固若金汤，蒙古军队决定用投石机将感染了黑死病的尸体抛入城中。

很快，卡法城内的人就因为感染疫病大量死亡，幸存者四散出逃，潜伏在他们身上的病菌随着商贸航线从卡法城"偷渡"到了君士坦丁堡，再沿着地中海走遍了意大利、法国，甚至跨过了英吉利海峡。

瘟疫面前人人平等，整个欧洲都倒在了它的屠刀之下。

黑死病在欧洲猖獗了 3 个多世纪，夺取了 2500 万余人的生命，这是当时欧洲人口总数的 1/3。

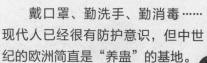

戴口罩、勤洗手、勤消毒……现代人已经很有防护意识，但中世纪的欧洲简直是"养蛊"的基地。

中世纪欧洲的人们好几年不洗澡都是常事。他们认为肮脏的身体才能够更好地接近上帝，所以不洗澡就成了神圣的象征。

个人卫生都不在意，人们也就更不会在意环境卫生了，所以当时欧洲的街头巷尾满是排泄物，走在路上都有可能被从天而降的粪便砸到。

这种恶劣的环境，自然造就了传染病的"温床"。

面对恐怖的疫情，人们除了放血和烟熏之外，没有任何科学合理的治疗方法。特别是当时在宗教的影响下，人们唯一能做的就是不停地向上帝祈求宽恕和谅解。

然而事与愿违，大批感染者在痛苦中死去，整个欧洲都笼罩在"我们已经被上帝抛弃"的绝望当中。

疫情的转机出现在6年后，看似战无不胜的黑死病忽然消失了。

超强的致死性既是黑死病迅速"收割人头"的原因，也是它最终离奇消失的重要原因之一。这是因为它导致大批易感染人群没还来得及传染给其他人就已经死亡，病菌也就没有了新的宿主可以寄生，而其他未感染者不是难感染人群就是已经有抗体的人。

所以，当黑死病杀死了所有宿主后，它也走向了终结。

老子曾曰："祸兮，福之所倚；福兮，祸之所伏。"巨大的浩劫却在不经意间给原本被宗教死死束缚着的欧洲带来了新生。

宗教在疫情面前的无能为力，让人们懂得了只有发展科学才有可能在灾难中幸存下来。

另一方面，由于黑死病造成了欧洲 1/3 的人口死亡，劳动力严重不足，人们普遍要求涨工资，为了节约人力成本，农场主们决心摒弃传统的经营模式，于是机器代替部分工人走上了历史舞台。

黑死病的出现间接吹响了工业革命的号角，也开启了欧洲进入资本主义社会的新纪元。

天花：第一种被人类消灭的传染病

很多人可能都有个疑惑：自己的胳膊上为什么会有一小块近似圆形的疤痕？

其实它是接种过天花疫苗的标志，也是人类战胜天花的"勋章"。

天花是天花病毒引起的一种恶性传染病，曾经折磨过人类数千年，直到现代才被人类消灭。

人类战胜天花的"勋章"

天花病毒到底是什么时候出现的，我们已经没办法考证，可能已经有一两万年之久。考古学家从公元前 1160 年左右的埃及法老木乃伊身上，发现了天花痊愈后留下的疤痕，这说明它传染给人类的时间至少已经有 3000 多年了。这个时候，周武王还没有开始伐纣大业，要再过 800 多年，秦始皇才会一统天下。

随着世界各地人们的互相交流，天花也像跑出笼子的猛虎一样，陆续攻陷了亚欧大陆上的各大古老文明。

东汉时期，天花病毒传播到了我国，据说名将马援就是率兵征讨的时候，感染天花去世的。他麾下感染天花病毒的士兵回国时，将其带到了中原地区。这种病当时叫"虏疮"，后来也叫斑疮、痘疮。

这是一种发病**非常猛烈**的病毒，经过呼吸道黏膜进入人体之后，会通过血液传播到身体各处，引发病毒血症。

感染者刚开始会发高烧、头痛、四肢无力，然后身上会长出密密麻麻的**红色小疹子**，过上几天这些小疹子就会变成像豆子一般大的**脓疱**，让密集恐惧症患者看了浑身颤抖。

这些脓疱破裂之后会流出脓液，运气好的话，它会结痂、脱落；如果运气不好，感染者的生命到这里就终结了。

天花病毒的致死率高达 25%，也就是说，每 4 个感染者中就会有一个死去，侥幸活下来的人皮肤上会留下永久的疤痕。

而且当时除了靠人体免疫力**硬扛**之外，没有什么方法可以治疗天花，所以一旦患病，谁也无法幸免。

法国国王路易十五、英国女王玛丽二世都是感染天花病毒而死的，清代乾隆皇帝心爱的嫡子永琮也是因为感染"痘疮"去世的。

更要命的是，天花病毒在空气中就能传播，在古代的卫生条件下，一旦形成大规模疫情，就会让一整片繁华地区变成荒芜的"无人区"。

天花病毒最"高光"的时刻是 16 世纪的**大航海时代**，欧洲殖民者把它带到了从来没有见识过天花威力的美洲大陆。

当时，阿兹特克帝国（今墨西哥一带）俘虏了一名西班牙士兵，没想到这成为他们噩梦的开始——感染天花病毒的西班牙士兵的到来，导致了大约 650 万人患病身亡。

迅速暴发的瘟疫让这个古老的帝国变得千疮百孔，西班牙殖民者也创造了几百名士兵征服上千万人的"奇迹"。

千古一帝

不过，天花病毒也有一个致命的弱点：每个人只会感染一次。只要感染过天花病毒，就能获得免疫力，此后也就不会再感染了。

所以清代初期，皇帝选择继承人的时候，会优先选择患上天花后捡回一条命的孩子，比如"千古一帝"康熙皇帝就是如此。

既然这样，有人就想到，可以通过接种让人感染上活性比较低的天花病毒，从而获得免疫力。

我国医生在清代已经开始尝试接种人痘，但效果不是很理想。到了 18 世纪末，一名叫琴纳的英国医生发现，当地的挤奶工很少患上天花，因为他们会在接触奶牛时患上危害性很小的牛痘。他经过长期的观察和试验，发明了效用极佳的牛痘接种法。后来，经过多次改进，牛痘接种法在世界各地推广开来。

经过上百年的努力，到了 1980 年，天花病毒终于被人类消灭了。目前天花病毒只在一些实验室留有样本，它们再也没有能力危害人类了。不过，世界上还有无数种病毒引起的传染病，不知什么时候才能像天花一样，被人类消灭。